環境アセスメント学入門

―環境アセスメントを活かそう―

環境アセスメント学会　編

はしがき

　環境アセスメンは、1969 年に米国の国家環境政策法において世界で初めて制度化され、わが国でも 1972 年の「各種公共事業に係る環境保全対策について」の閣議了解により、公共事業に係る環境保全手続きとして導入されました。地方自治体では、川崎市が 1976 年に全国で最初の環境影響評価条例を制定したのを契機とし、東京都や北海道などの条例制定など制度化が進みました。国では「環境影響評価法案」が 1981 年に国会に提出されましたが、審議未了で再提出が見送られることとなり、1984 年に閣議決定された「環境影響評価実施要綱」によっていわゆる「閣議アセス」の運用が開始されました。その後、1993 年制定の環境基本法に環境影響評価の推進に関する条文が規定されたことを受けて、1997 年に「環境影響評価法」が制定され、1999 年に法制度の運用が始まりました。環境影響評価法は、施行後 10 年を経て見直しが行われ、2011 年 4 月に新たな手続きなどを盛り込んだ改正環境影響評価法が成立し、2013 年 4 月より全面施行されて今日に至っています。

　環境アセスメントは、事業計画の立案・検討段階において、あらかじめ環境保全の措置を盛り込み、住民などとのコミュニケーションを確保することなどにより、持続可能な社会を実現しようとする有効な施策ツールです。現在では、国と地方自治体の環境行政で広く活用され、地域環境および地球環境の保全に大きな役割を果たしています。

　とりわけ環境政策の課題が、地域から地球規模にまで拡大し、公害防止と自然環境保全を中心としたかつての時代から、循環型社会づくりや低炭素社会の形成、生物多様性の保全などの総合的な環境施策が求められる中で、事業が地域環境などに及ぼす影響を総合的、複合的にとらえて環境配慮の確保をめざす環境アセスメントは、その重要性がさらに高まっているといっても過言ではありません。

　環境アセスメント学会は、こうした環境アセスメントに関する国内外の多様な分野の研究者や実務者、市民・ＮＰＯなどが相互に交流し、環境アセスメントに関する学術・技術の発展と普及を図り、環境アセスメントに関する社会各層の共通の認識を醸成することにより、環境アセスメントを適正に推進するなどに寄与することを目的として、2002 年 4 月に設立されました。これまで、学会の設立 10 周年記念事業として『環境アセスメント学の基礎』（2013 年）を出版したところ、幸い実務部門での研修教材や大学講義のテキストとして広く受け入れられ、版を重ねてきました。

　そこで今般、今日の環境問題の進展ととともに、環境アセスメント制度の普及・拡大と環境影響評価技術の新たな展開などを背景として、できるだけ多くの皆さんに環境アセスメントの基本的な考え方や実際の進め方などについて理解を深めていただき、また業務に実践的に活用していただくことをめざし、本書『環境アセスメント学入門』を出版することといたしました。本書は、環境アセスメントの取り組みについて関心を持ち、学ぼうとする方にとって、図表を盛り込み視覚的にもわかりやすく平易に理解が進むように、環境アセスメント学会が総力を挙げて編纂しています。

　本書は、大きく 5 つのパートから構成されています。第 1 部は、環境アセスメントの仕組みの基礎として、環境アセスメントの機能や調査・予測・評価の

考え方、アセスメント図書の内容について概説します。第2部は環境アセスメント制度の紹介であり、環境影響評価法の概要や条例制度の仕組み、諸外国の制度についてまとめています。第3部は、環境アセスメントを支える基盤として、技術指針や情報交流の仕組み、審査会の役割などについて解説します。第4部は、環境アセスメントの具体的な実施例として、藤前干潟の最終処分場設置事業や都心部開発事業などを取り上げ、環境アセスメントの意義や効果などについて検証します。最後の第5部は、環境アセスメントの新たな展開として、スモールアセス（自主アセス、ミニアセス）、ＳＤＧｓ（持続可能な開発目標）の実現に向けた戦略的環境アセスメント、気候変動対策と環境アセスメントなどについて紹介します。

　このように、本書は、環境アセスメントに関する幅広い分野について、環境アセスメントの役割や仕組みなどの基礎的な情報から理論的・制度的な内容の紹介、実務的な技術の解説、また環境アセスメントの新たな方向性まで、体系的に取りまとめている点に特徴があります。環境アセスメントについて学ぶ学生やこの取り組みに関心を持つ市民などの初学者はもとより、環境アセスメントに携わる実務者、業務を担当する行政職員、制度や技術を研究する専門家など、多くの方が活用していただくことを想定して構成しています。これを機に、本書が、環境アセスメントに関する学術・技術の発展と普及の一助となり、環境アセスメントに関して社会各層の理解と認識が深まることとなれば、学会として望外の喜びです。

　最後に、本書の企画から編集、原稿集めとチェック、校正内容の確認など作業を進めていただいた編集委員会各位、原稿執筆などにご協力いただいた会員の皆さんに、改めてお礼を申し上げます。また、昨今の厳しい状況のなか出版の労をとっていただいた恒星社厚生閣の関係者の皆様にも深くお礼を申し上げます。本書が、これからの環境アセスメントの発展と持続可能な社会の実現に向けて、大きな役割を果たしてくれることを切に期待しています。

　　　2019年1月吉日

　　　　　　　　　　環境アセスメント学会を代表して　会長　田中充

環境アセスメント学入門―環境アセスメントを活かそう―　目次

はしがき ……………………………………………………………………………（田中　充）

第1部　環境アセスメントを知る ……………………………………………………… 9
第1章　環境アセスメントの心得　（上杉哲郎）……………………………………… 10
  1. 環境アセスメントの5つの機能 ………………………………………………… 10
  2. 環境アセスメントの仕組み ……………………………………………………… 12
  3. 計画段階の環境配慮 ……………………………………………………………… 13
  4. 環境アセスメントの設計（スコーピング）…………………………………… 14
  5. 環境アセスメントにおける調査 ………………………………………………… 14
  6. 環境アセスメントにおける予測 ………………………………………………… 15
  7. 環境アセスメントにおける評価 ………………………………………………… 16
  8. 環境アセスメントにおける環境保全対策 ……………………………………… 17
  9. 環境アセスメントにおける追跡調査 …………………………………………… 18
  10. 環境アセスメントにおける情報交流 …………………………………………… 18
  11. 環境アセスメントにおける審査 ………………………………………………… 19
  12. 環境アセスメントを活かすために ……………………………………………… 20

第2章　環境アセスメント図書はどのように作られているのか　（松永忠久，挿入絵：鍋島元子）…… 22
  1. 準備書はどのように作られているのか ………………………………………… 22
  2. 環境に影響を与える主な行為には何があるのか ……………………………… 24
    ❶　排気ガスを出す…24　　❷　音を出す…26　　❸　排水を出す…28
    ❹　風の流れ、強さを変える…30　　❺　土地を改変する…32　　❻　景観を変える…34
  3. 事業特性と地域特性を踏まえた環境影響評価項目の選定 …………………… 36
    【ケーススタディ①】面事業：住宅地造成事業におけるマトリックス表の読み取り方 …………… 38
    【ケーススタディ②】線事業：道路事業におけるマトリックス表の読み取り方 …………… 39
    【ケーススタディ③】線事業：在来鉄道（地下化）におけるマトリックス表の読み取り方 …… 40
    【ケーススタディ④】点事業：ごみ焼却施設におけるマトリックス表の読み取り方 ……… 40
    【ケーススタディ⑤】点事業：火力発電所におけるマトリックス表の読み取り方 ………… 41

第2部　環境アセスメントの制度 …………………………………………………… 43
第3章　国の制度／環境影響評価法の概要　（熊倉基之）……………………… 44
  1. 環境影響評価法の制定および改正の経緯 ……………………………………… 44
  2. 環境影響評価法の概要 …………………………………………………………… 45
    ❶　法の体系…45　　❷　環境アセスメントの実施者…46　　❸　対象事業…46
    ❹　環境影響の審査…46　　❺　手続きの流れ…47　　❻　環境影響評価法手続きに係る特例…51
  3. 環境影響評価法の施行状況 ……………………………………………………… 52

第4章　地方公共団体の制度の概要　（湯浅晃一，森本尚弘）……………………… 54
  1. 地方公共団体の取り組みの歴史 ………………………………………………… 54
  2. 地方公共団体の制度の概要 ……………………………………………………… 56
    ❶　対象事業…56　　❷　環境の要素…56　　❸　手続き…58
    ❹　環境影響評価法改正に伴う条例改正の状況…60
  3. 地方公共団体の制度の施行状況 ………………………………………………… 61

第5章　諸外国の制度の概要　（錦澤滋雄）・・・・・・・・・・・・・・・・・・・・・・・・・・・・62
1. 環境アセスメント制度に係る国内外の変遷・・・・・・・・・・・・・・・・・・・・・・62
2. 米国・国家環境政策法（NEPA）における環境アセスメントの仕組み・・・・64
3. 欧州におけるアセス制度の仕組み・・・・・・・・・・・・・・・・・・・・・・・・・・・・・66
4. アジア諸国のアセス制度の仕組み・・・・・・・・・・・・・・・・・・・・・・・・・・・・・67
5. 国際協力における環境アセスメント・・・・・・・・・・・・・・・・・・・・・・・・・・・69

第3部　環境アセスメントを支える仕組み・・・・・・・・・・・・・・・・・・・・・・71
第6章　環境アセスメントの技術指針　（石川公敏）・・・・・・・・・・・・・・・・・72
1. 技術指針の役割（機能）・・・・・・・・・・・・・・・・・・・・・・・・・・・・・・・・・・・・・72
2. 技術指針に示されている内容・・・・・・・・・・・・・・・・・・・・・・・・・・・・・・・・74
3. 技術指針の内容と使い方のポイント・・・・・・・・・・・・・・・・・・・・・・・・・・・75
　　❶　事業特性・地域特性の把握…75　　❷　項目の選定…75
　　❸　調査・予測・環境保全対策（生活環境系）…76　　❹　調査・予測・環境保全対策（自然環境系）…77
　　❺　評価…78　　❻　追跡調査…79　　❼　図書の作成…79　　❽　情報交流…80
4. 技術指針を活かすために・・・・・・・・・・・・・・・・・・・・・・・・・・・・・・・・・・・・80
　　❶　技術指針が役割を果たすために…80　　❷　更なる技術指針の充実に向けて…81
参考1. 国の技術指針（基本的事項、主務省令）・・・・・・・・・・・・・・・・・・・・・82
参考2. 地方公共団体の技術指針・・・・・・・・・・・・・・・・・・・・・・・・・・・・・・・・83
参考3. 「技術指針」関連資料・・・・・・・・・・・・・・・・・・・・・・・・・・・・・・・・・・84

第7章　追跡調査　（布施孝史）・・・・・・・・・・・・・・・・・・・・・・・・・・・・・・・86
1. 追跡調査の意義と目的・・・・・・・・・・・・・・・・・・・・・・・・・・・・・・・・・・・・・86
2. 追跡調査の進め方・・87
3. 追跡調査計画書・・88
　　❶　位置づけ・構成…88　　❷　調査時期・地点・頻度…89
4. 追跡調査の実施・分析・評価・・・・・・・・・・・・・・・・・・・・・・・・・・・・・・・・90
　　❶　追跡調査の実施…90　　❷　調査結果の分析・評価…91
5. 追加的環境保全措置の検討・実施・・・・・・・・・・・・・・・・・・・・・・・・・・・・91
6. 追跡調査報告書・・92
7. 追跡調査にかかわる多様な人たち・・・・・・・・・・・・・・・・・・・・・・・・・・・・93
8. 今後のあり方・・94

第8章　情報交流　（尾上健治）・・・・・・・・・・・・・・・・・・・・・・・・・・・・・・・96
1. 情報交流の意義とポイント・・・・・・・・・・・・・・・・・・・・・・・・・・・・・・・・・・96
2. 環境アセスメントの各段階における情報交流・・・・・・・・・・・・・・・・・・・・98
　　❶　事業の計画段階…98　　❷　環境アセスメントの設計段階…99
　　❸　環境アセスメントの実施段階…99　　❹　事業の実施・供用段階…100
3. 情報交流に関わる人々・・・・・・・・・・・・・・・・・・・・・・・・・・・・・・・・・・・・・100
　　❶　事業者…100　　❷　行政…101　　❸　専門家・学識者…101　　❹　実務者（アセス図書を作成する人）…102　　❺　市民・NGO…102　　❻　情報交流に関わる人々の相互関係…103
4. 情報交流の場・・103
　　❶　様々な機会…103　　❷　より積極的な機会の創出…104
5. 情報交流に係る課題・・・・・・・・・・・・・・・・・・・・・・・・・・・・・・・・・・・・・・・105

第9章　審査会　（沖山文敏）……106

1. 環境アセスメント審査会の役割と位置づけ……106
2. 審査会の委員……107
   ❶　委員構成…107　❷　委員に求められる資質…108　❸　審査会の委員の選任方法…108
3. 審査会の運営方法……109
   ❶　開催時期・審査回数…109　❷　審査内容…110　❸　関係者の役割…110
   ❹　アセス図書の審査方法…111
4. 審査会の公開と広報……111
5. 今後のあり方……112

第4部　ケーススタディ……113

第10章　藤前干潟　（傘木宏夫）……114

1. 事業の背景と概要……114
2. 環境影響評価の手続き……116
   ❶　手続きの概要…116　❷　名古屋市指導要綱の特徴…116
3. 現在の目でみた評価書の内容……117
   ❶　スコーピングの意義…117　❷　予測の不確実性…118　❸　項目間の関係の検討…118
   ❹　現況騒音の評価方法の問題…119
4. 情報交流……120
   ❶　干潟を守る市民活動…120　❷　準備書段階での主な論点…120　❸　審査委員会の意見…121　❹　市民意見と評価書…121　❺　公有水面埋立免許出願後の経緯…122　❻　環境庁による積極的な関与…122
5. 事業断念後の変化……122
   ❶　ごみ減量の取り組み…122　❷　ラムサール条約登録…123
6. これからの環境アセスメントへの示唆……123
   ❶　埋立て断念に至る要因…123　❷　今後の環境アセスメントへの示唆…124

第11章　愛・地球博の環境アセスメントとその後　（柴田裕希）……128

1. 事業の背景と環境アセスメントの流れ……128
   ❶　環境アセスメントに先立って進んだ会場候補地の検討……128
   ❷　当初の会場計画を前提にした環境アセスメント……130
   ❸　会場計画の議論に左右される環境アセスメント……133
2. 多様な主体の参加を可能にした環境アセスの機能……133
   ❶　情報公開・提供，参加機会確保の取り組み…134　❷　専門家の果たした役割と合意形成の手法…134　❸　参加の議論の中で進められた調査，予測における新技術の導入…135
3. 環境アセスメントの参加から維持管理の仕組みづくり，担い手の議論へ……136
   ❶　市民の手により引き継がれるレガシー…136　❷　行政と市民の協働が実現する新しい時代の共生モデル…137

第12章　都心部開発事例　（松島正興）……140

1. 東京都環境影響評価条例に基づく環境影響評価手続き……140
   ❶　沿革…140　❷　対象事業と規模要件…140　❸　概略フローと作成図書…142
   ❹　特定の地域と緩和事項…143
2. 東京駅周辺における環境アセスメント実施事業について……143
   ❶　実施案件の概要…143　❷　概略スケジュール…144　❸　予測評価項目の選定状況…144
   ❹　実施案件の説明会・都民意見の状況…148　❺　審議会の開催回数…149

3. 都心部高層建築物アセスの事例　大手町二丁目常盤橋地区第一種市街地再開発事業 ‥‥‥‥‥ 149
　　❶　事業の概要…149　　　❷　評価書案に関して（選定項目，予測評価の結果，環境保全の措置）…150
　　❸　説明会・意見書に関して…152　　❹　都知事審査意見…153　　❺　評価書における対応…153
　　❻　着工後（変更届など）…154
4. 考察 ‥‥‥ 154

第5部　環境アセスメントの新たな展開 ‥‥‥‥‥‥‥‥‥‥‥‥‥‥‥‥‥‥‥ 155

第13章　スモールアセス　〜自主アセス・ミニアセス〜　（柳憲一郎，宮下一明）‥‥‥‥‥‥ 156
1. スモールアセスの意義 ‥‥‥‥‥‥‥‥‥‥‥‥‥‥‥‥‥‥‥‥‥‥‥‥‥‥‥‥‥‥‥‥‥‥‥ 156
2. スモールアセスの設計 ‥‥‥‥‥‥‥‥‥‥‥‥‥‥‥‥‥‥‥‥‥‥‥‥‥‥‥‥‥‥‥‥‥‥‥ 157
　　❶　設計の基本的な考え方…157　　❷　実施手順…158　　❸　評価項目の絞り込み…158
　　❹　調査・予測および評価の手法…159　　❺　外部との情報交流・公表の仕方…159
　　❻　公表文書の作成…160
3. スモールアセスの実施 ‥‥‥‥‥‥‥‥‥‥‥‥‥‥‥‥‥‥‥‥‥‥‥‥‥‥‥‥‥‥‥‥‥‥‥ 160
4. 期間・費用 ‥‥‥ 161
5. スモールアセスの展開に向けた課題 ‥‥‥‥‥‥‥‥‥‥‥‥‥‥‥‥‥‥‥‥‥‥‥‥‥‥‥‥‥ 161

第14章　持続可能な開発目標（SDGs）の達成に向けて ‥‥‥‥‥‥‥‥‥‥‥‥‥‥‥‥‥ 166
1. SDGs 達成と環境アセスメントの活用 ‥‥‥‥‥‥‥‥‥‥‥‥‥‥‥‥‥‥‥（藤田八暉）　166
　　❶　2030 アジェンダと SDGs…166　　❷　SDGs の概要および特徴…166
　　❸　SDGsの環境との関わり…168　　❹　SDGs 達成に向けたわが国の取り組み…169
　　❺　SDGs 達成のために環境アセスメントを活用しよう…170
2. 政策や事業計画の立案検討段階における戦略的環境アセスメント ‥‥‥‥‥‥‥‥‥（田中　充）　171
　　❶　戦略的環境アセスメント・SEA の意義…171　　❷　SEA の位置づけと概念…171　　❸　計画段階配
　　慮書手続きと SEA…172　　❹　SEA の適用対象…172　　❺　SEA の機能…173　　❻　おわりに…174
3. 気候変動対策における環境アセスメントの役割 ‥‥‥‥‥‥‥‥‥‥‥‥‥‥‥‥（村山武彦）　174
　　❶　気候変動対策の分類…174　　❷　緩和に関連した環境アセスメント手法…174　　❸　適応に関連した
　　環境アセスメント手法…176　　❹　今後の課題：累積影響や計画・政策レベルの環境アセスメントへ…176
4. 環境に係る情報基盤の強化，情報共有の推進 ‥‥‥‥‥‥‥‥‥‥‥‥‥‥‥‥‥（傘木宏夫）　177
　　❶　環境アセスメントのための情報基盤とその共有の推進…177
　　❷　縦覧期間後のアセス図書の公開の状況…178　　❸　事前配慮に資するオープンデータベースの動向…178
　　❹　アセス図書の持続的公開の始動…180　　❺　今後の課題…181
5. これからの技術手法 ‥‥‥‥‥‥‥‥‥‥‥‥‥‥‥‥‥‥‥‥‥‥‥‥‥‥‥‥‥（片谷教孝）　182
　　❶　環境アセスメントのための技術手法の現状と課題…182
　　❷　環境アセスメントの技術手法の進歩と要求される精度の関係…183
　　❸　環境アセスメントの技術手法に関する最近の話題…184
　　❹　環境アセスメントの技術手法に関する将来展望…185
6. 国際展開 ‥‥‥‥‥‥‥‥‥‥‥‥‥‥‥‥‥‥‥‥‥‥‥‥‥‥‥‥‥‥‥‥‥‥‥（古松正博）　185
　　❶　持続可能な開発目標（SDGs）と環境アセスメント…185
　　❷　開発援助とセーフガード政策…186
　　❸　わが国の海外環境インフラ整備に関する最近の動き…187
　　❹　今後の国際展開における戦略的環境アセスメント（SEA）の役割…188

あとがき ‥‥ 189

第1部

環境アセスメントを
知る

第1章 環境アセスメントの心得

　本章では，環境アセスメントの果たす役割や仕組み・流れなどについて大まかに概説する．法的制度の概要は第2部に，個別のテーマについては第3部に，より詳細な説明がされているので，そちらを参照されたい．

1. 環境アセスメントの5つの機能

①あらゆる事業や計画への環境保全の組み込み

　持続可能な社会をつくるためには，あらゆる事業，計画において環境保全に取り組むことが不可欠である．地球温暖化や廃棄物，生物多様性などすべての環境事象に総合的に対応する必要がある．環境アセスメントは，事業実施や計画策定にあたって総合的に環境保全を組み込む上で重要な手段となる．

②事前の環境影響調査および環境保全対策の検討

　事業に環境保全を組み込むためには，事前に環境影響を調べ，環境保全対策を考えることが最も効果的である．環境アセスメントは，事業の段階・熟度に応じて，あらかじめ環境影響の調べ方や環境保全対策の検討内容・具体性を，適宜見直しながら検討を進めるシステムである．

③広く様々な人からの情報収集

　事業が行われる地域の環境には，地域外の人も含め様々な関係者が関係している．こうした様々な関係者も，地域の多様な環境に関する有益な情報を保持していることが多々ある．環境影響を調べ，環境保全対策を考えるためには，様々な関係者から意見も含めた情報収集を図ることが効率的・効果的である．

④社会への情報提供・説明

　環境影響の程度や環境保全対策についての情報を適切な時点・内容で，社会に提供することが重要である．環境アセスメントにおける情報の提供は，様々な関係者の安心や信頼を得ることにつながる．また，事業が環境面で果たす役割を明らかにすることができる．

⑤適切な意思決定の支援

　環境アセスメントは，環境保全を組み込んだ適切な意思決定を支援するものである．情報交流を通じて，様々な関係者との合意形成にも資することになる．こうした面で事業を円滑に進める重要な機能を果たすものといえる．

第1章　環境アセスメントの心得

図1-1　事業の構想・計画から実施までの流れと環境アセスメントの関係

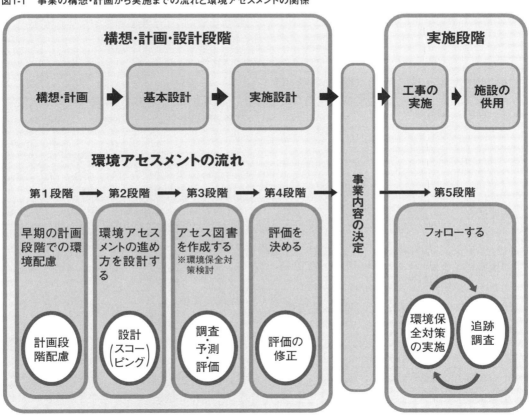

一般的に、基本設計段階で第2段階の環境アセスメントに入るが、事業によって前後する。

■事業の企画から設計に向かって計画の熟度が高まる．その熟度に応じて適切に環境アセスメントを実施することで，環境配慮を計画・事業に組み込むことができる．

■事業の実施にあたっては，適切に環境保全対策を図るとともに，その状況を追跡調査し，必要に応じて追加的な対策を取ることにより万全な環境配慮をすることができる．

2．環境アセスメントの仕組み

①環境アセスメントに関わる多様な主体

　環境アセスメントには多様な主体が関わる．

　事業者は，事業を策定，実施する者であり，環境アセスメントの実施主体となる．

　実務者は，事業者から委託されたコンサルタントなどであり，調査などを実施し，環境アセスメント図書（以下，本書において「アセス図書」という．）を作成する．

　行政は，事業を所管する部局は事業者とな

り，一方，環境部局は，環境保全の見地から環境アセスメントの審査をする立場となる．

　専門家は，実務者が行う調査などに携わったり，行政の審査に際して専門的観点から自治体などに情報・知見を提供する．

　市民・ＮＧＯは，環境アセスメントに際して，情報を提供したり要望を提出したりする．

②環境アセスメントの段階（図1-1参照）

　環境アセスメントは，おおむね次のような段階を踏んで実施される．

　第1段階は，事業の計画段階において，位置や規模・構造などにおける環境配慮を検討し，明らかにする．

　第2段階は，環境アセスメントの進め方を設計する段階である．事業や計画の段階・熟度に応じて，必要な調査，予測，評価などの方法を検討し，明らかにする．

　第3段階は，実際に現地の環境の状況を調査

し，環境影響を予測し，環境保全対策を検討して環境影響を評価し，図書としてまとめ，明らかにする．

　第4段階は，アセス図書に対する様々な情報を活用しつつ，必要な調査，予測，評価を追加・修正し，最終的な図書としてまとめる．

　第5段階は，事業などに着手後も，必要な項目について環境影響を調べ，追加的な環境保全対策を検討し，実施する．

③環境アセスメントの流れ（図1-2参照）

　事業のニーズが生じた場合に，その計画段階において，位置・規模・構造などの環境配慮を検討する．その結果を配慮書として公表して様々な関係者から情報を集める．配慮書段階の情報を踏まえ計画の熟度を高め，環境アセスメントの設計をする．それを公表して様々な関係者から情報を集め，その情報を活用して必要な追加・修正をし，環境アセスメントの進め方を決め，具体的な調査，予測を行い，環境保全対策を検討して評価する．その結果を準備書などとして公表し，様々な関係者から情報を集め，

準備書に対する情報を活用して必要な調査，予測，評価の追加・修正をし，その結果を評価書などとして公表する．事業などに着手したら，環境保全対策を実施する．事業などの進行に合わせ，必要な項目について追跡調査を行い，問題があれば追加的な環境保全対策を検討，実施する．

　なお，国によって，さらに上位の政策や計画段階で戦略的環境アセスメント（ＳＥＡ）が実施されている．

第1章　環境アセスメントの心得

図1-2　環境アセスメントの流れ

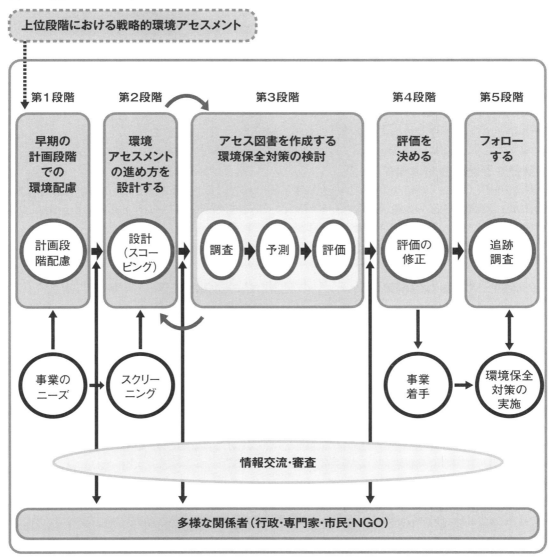

（注）スクリーニングとは、環境アセスメントの対象とするかどうかを決める手続のこと

3. 計画段階の環境配慮

　計画段階での環境配慮は，事業の位置や規模，配置などに関する複数案について環境影響の比較検討を行うことにより，事業計画の検討の早期の段階において，より柔軟な計画変更を可能とし，環境影響の一層の回避・低減につなげる効果が期待される．

　配慮書手続きでは，複数案を設定し，重大な環境影響に絞って，原則既存資料を用いて簡易な手法により調査，予測および評価を行う．

4. 環境アセスメントの設計（スコーピング）

① 事業の性格・内容・段階は様々

環境アセスメントは，事業の性格，内容，段階，熟度などに対応して，適切な内容とする必要がある．環境アセスメントの進め方を検討する設計段階は，極めて重要な位置にある．

② 対象となる地域（空間）の環境は様々

事業が対象とする地域（空間）は，それぞれに環境が異なっている．環境の違いに応じて，対象とすべき調査対象や採用すべき調査・予測手法などを，十分に検討することが必要である．地域の環境の特性を押さえることが重要となる．

③ 調査や予測の手法は様々

環境の分野ごとに，調査や予測には様々な手法がある．事業の内容，対象地域の様々な環境の特徴を踏まえて，最も適切な調査・予測手法を選択する必要がある．

また，調査・予測手法は，開発・改良が進む．いつも最新の技術動向を把握する努力が重要である．

④ 効果的・効率的な環境アセスメントの実施方法の選択が重要

効果的・効率的に環境アセスメントを進めるため，設計段階で，調査対象や調査・予測手法を適切に選択する必要がある．事業や地域の環境の特性などに応じて，必要な分野は重点的な対象として実施し，環境影響が軽微とわかっている分野は簡略的に実施することが重要である．

⑤ 信頼性確保とコスト低減の両立

環境アセスメントは，むやみにお金と時間をかければよいというものではない．一方で，決して予算の範囲に納めるために形式的にこなせばよい訳でもない．必要な調査には重点的に予算をかけ，しっかり調査することにより信頼性を確保するとともに，簡略的に実施できる分野ではコスト低減に努力することが必要である．

⑥ 適切な環境アセスメントの設計こそが "いのち"

幅広く情報を集めて，適切な環境アセスメントの進め方を設計することで，より効果的な環境アセスメントの実施と良い結果が生まれる．この点で，地域環境をよく知っている様々な関係者からの情報収集が重要である．

5. 環境アセスメントにおける調査

① 調査の開始

基礎データとして地域の環境の状況を把握する．事業による影響を想定しながらより深く環境状況を調べる．

調査のポイント

■環境への影響を予測・評価する視点から，効果的なメリハリのある調査を実施することが重要で

第1章　環境アセスメントの心得

②調査の実施

　まず，調査する細項目や調査地点・方法・頻度などについて具体的な調査実施計画を作成する．調査実施計画に沿って，文献を調べたり，ヒアリングを行ったり，現地で測定・観察したりして調査を行う．重点的に調査すべき項目については，可能な限り定量化できるよう詳細に現地を調査する．それ以外については，現地踏査や既存資料の調査などで簡略化しても構わないこととなる．

　調査の進捗に応じて調査実施計画を柔軟に見直しすることが必要である．

③調査結果のまとめ

　調査結果は網羅的にまとめればいいというものではない．事業や計画による環境への影響の程度を見る上で，必要十分となる情報にまとめることが重要である．誰にでも読みやすくわかりやすく示すことも重要である．

- ■調査では，予測や環境保全対策の検討に必要十分な情報が得られることが最低限の条件である．例えば，渡り鳥については季節や地点などをよく考慮して調査を行う必要がある．
- ■調査を簡略化する場合には，その理由や背景をきちんと説明することが重要である．
- ■既に実施された環境アセスメントの現地調査結果など，既往の環境情報を積極的に有効に活用することで，現地調査の簡略化などにつなげることができる．
- ■地域住民などと連携して情報収集を行うことにより，きめ細かな視点で調査が行えるとともに，住民の理解が得やすくなるなど，効果的に調査が行える．

🔍 **留意点**
- ■専門家や関心が高い方々から際限のない調査を求められることがある．どこまで調査すればよいかは，予測や環境保全対策の検討に必要十分な情報が確保できるか否かで判断することが重要となる．重点項目以外については影響の程度が概略判断できれば十分であり，このため，設計の段階から専門家や行政，住民など様々な関係者から情報を集めておくことが効果的である．
- ■当初想定していなかった項目でも，途中で環境影響が想定されるような事態が生じた場合には，追加的に調査を行うことにより，手戻りを減らし，より効率的に環境アセスメントを実施することができる．

6. 環境アセスメントにおける予測

①予測とは

　予測とは事業の実施による環境への影響の程度を推定することである．予測された結果は，どのような環境保全対策が必要かを考えるために用いられる．

②予測の実施

　事業の中で，どのような環境影響の要因があるのかを把握する．その要因の影響を受ける環境分野の特性に応じて，予測時期，予測手法や予測範囲などを検討する．予測手法などには様々な調査指針・マニュアルがあるが，その中で最適なものを選ぶことが重要である．その際には選んだ根拠を明らかにする必要がある．

　特に影響が大きいと考えられる項目では，不確実性をできるだけ減らすよう，様々な予測手法や予測条件を比較検討するな

予測のポイント
- ■環境保全対策の検討に資するよう予測手法などを選択することが重要である．
- ■新しい知見に基づく予測方法は，その信頼性について十分説明する必要が生じるが，積極的に採用することが推奨される．
- ■影響の程度が十分に予測できない場合には，追跡調査により影響の程度を確認し，必要に応じて追加的な環境保全対策を講じることで対応することが考えられる．
- ■予測の前提条件に幅がある場合には，種々のケースについて検討し，予測結果に幅を持たせることも可能である．

ど，できる限り高い精度で予測を行う．比較的影響の小さい項目では，簡易な予測手法で実施する．

③予測結果のまとめ

影響が及ぶ範囲と程度について予測結果を表現する．予測手法の妥当性や予測結果を得るまでの過程などについて，丁寧に説明するとともに，予測の前提条件を明記する．

■前提条件にはどういう情報が含まれているのか（当該事業・計画以外の周辺の環境の状況変化など）についても，丁寧に説明する必要がある．
■評価には踏み込まず，予測の結果について記述する．

🔍 留意点

■環境影響には，常に経時的な変化と空間的な広がりがあるので，予測結果は，その変動のある断面を表現することになることを理解し，その点に注意してまとめる必要がある．
■工事中の影響が最大となる時点や供用後の定常状態を対象とするだけでなく，そこに至るまでの中間段階についても予測が必要となることがある．
■新たな分野である廃棄物，温室効果ガスなどでは，類似の他事業との原単位の比較も有効な予測手法となる．
■前例があるという理由だけで，ある予測方法を無条件に採用するのではなく，技術進歩などに常に留意し，環境保全対策を検討する観点から，最適な方法を採用することが必要である．

---

7. 環境アセスメントにおける評価

①評価とは

予測結果において，環境への影響がみられる場合には，環境保全対策を検討し，その対策による環境への影響の程度を再度予測するなどして，環境への影響をどのように回避・低減・緩和するのかを明らかにする．評価は，環境への影響の回避・低減・緩和について，様々な可能性を検討した結果として示されるものである．

②評価の実施

環境影響の要因ごとに，その要因の影響を受ける環境分野について，環境への影響をどの程度回避・低減・緩和できるのかを判断する．判断するにあたっては，環境基準の達成は当然のこととして，地域の環境計画の目標への貢献度合いを考慮する．環境への影響を十分に回避・低減・緩和できていないと判断される場合は，十分と判断できるまで検討を繰り返すこととなる．

③評価結果のまとめ

要因ごとに，影響を受ける環境分野について，影響の大きさとそれを回避・低減・緩和する対策の具体的内容，評価の判断根拠を示す．必要な場合には，追跡調査の計画についても示す．特に重大な影響のある要因・環境分野については，判断の妥当性や根拠について，丁寧に説明することが重要である．

評価のポイント

■いかに回避・低減・緩和を図っているかを明記することで，事業者として環境保全に積極的に取り組んでいる姿勢を示すことができる．
■地域の持続可能性の観点から適切な環境保全対策が採られているかどうか判断する必要がある．特に，環境保全対策が環境分野間で相反することが考えられる場合などには，持続可能な社会という観点から環境保全対策の優先順位を考える必要がある．
■判断基準が明確でない環境分野（生物多様性，景観，歴史的・文化的要素など）については，特定の専門家だけでなく，様々な情報を取り入れられるよう，透明性のある手順で，判断の根拠を示していくことが考えられる．
■評価にあたっては，予測結果，環境保全対策，追跡調査計画を一連のものとして扱う必要がある．

第1章　環境アセスメントの心得

🔍 留意点

■影響が軽微であると評価すれば済むのではなく，影響をいかに回避・低減・緩和したかの根拠を明らかにすることが本質である．
■事業者として，地域の環境計画の目標達成に，どのように貢献するつもりかを素直に記述することが推奨される．
■環境面からの負の評価だけでなく，より良い環境づくりの観点から事業が果たす役割についても，積極的に記述することが推奨される．

---

8. 環境アセスメントにおける環境保全対策

①環境保全対策とは

　環境保全対策とは，調査，予測の結果に基づき，環境への影響の回避・低減・緩和，あるいは影響を受ける内容を代償するために講じられる様々な対策のことである．環境保全対策は，地域の環境計画の目標も考慮に入れて，評価の作業の中で繰り返し検討する．

②環境保全対策の検討

　環境保全対策は，環境影響の要因ごとに，その要因の影響を受ける環境分野について，原則として環境への影響を　回避→低減→緩和　の順で検討する．様々な環境保全対策の可能性を考慮して複数の考え方を提案することにより，効果的な検討を行うことができる．
　代償措置は，回避・低減・緩和ができない場合にのみ検討し，当該事業で回避・低減・緩和が困難な理由を明らかにする．さらに，代償措置を採用する場合は，代償措置の効果が十分であると判断した根拠を明確にする必要がある．

③環境保全対策のまとめ

　環境保全対策の実施主体，実施時期，実施内容について，できる限り具体的に示す．特に事業者が重視し積極的に採用した環境保全対策について，複数案の比較などにより，その効果を明らかにすることも重要である．

環境保全対策のポイント

■事業の進捗状況に応じて段階的な環境保全対策の検討を行っている場合は，検討した段階ごとに具体的な内容を明らかにする必要がある．
■新しい知見に基づく環境保全対策を実施する場合は，その信頼性について十分説明する必要が生じるが，積極的に採用することが推奨される．
■環境保全対策の効果が十分に予測できない場合には，追跡調査により効果の程度を確認し，必要に応じて追加的な環境保全対策を講じることで対応する必要がある．
■そもそも事業を構想・計画する段階から，環境への影響を回避・低減することとなる対策についても，環境保全対策として明記することが重要である．

🔍 留意点

■環境保全対策は，事業者の実施可能な範囲内で実施されるものであるが，最大限努力した案を採用していることを具体的に説明することが必要である．
■環境影響には，常に経時的な変化と空間的な広がりがあることを考慮し，期待される環境保全対策の効果の程度について，効果の持続性や範囲を含めて示すことにも留意すべきである．

9．環境アセスメントにおける追跡調査

①追跡調査とは

予測時に不確定な要素があったり，環境保全対策の手法や効果がよくわかっていない場合には，それを補うために，事業に着手した後でも調査などを行うことが必要となる．調査などの結果，環境保全対策の効果を検証し，追加的に環境保全対策を実施するべきかどうかを判断することとなる．事業の段階に応じて追跡調査を実施することが望まれる．

②追跡調査の実施

予測時に不確定な要素があったり，環境保全対策の手法や効果がよくわかっていない項目を選定し，調査地点・方法・頻度などについて具体的な調査計画を作成する．調査計画に基づいて，調査を実施し，環境への影響の程度を把握する．これを踏まえて，評価の際に用いた判断の根拠に照らし，追加的な環境保全対策の必要性を判断する．

③追跡調査のまとめ

追跡調査の結果を示す．その結果，追加的な環境保全対策が必要であるかどうかについても示す．

追跡調査のポイント

■追跡調査を実施することにより，環境保全対策の効果を担保することとなる．

■追跡調査は，環境保全対策の効果を担保するために必要な範囲内の時期，頻度，地点で実施する．希少生物種や生態系のように一旦，変化すると元に戻すことが難しい場合は，調査を継続することが必要となる場合がある．

■追加的な環境保全対策の必要性を判断するにあたっては，評価の際と同じように，環境基準を達成すべきことは当然のことであり，さらに地域の環境計画の目標への貢献度合いを考慮する．

■事後調査結果を公開することが事業の信頼につながる．

🔍留意点

■追跡調査には，環境状況の監視を目的とするための調査（いわゆるモニタリング）が含まれる．
■事業に変更があった場合には，追跡調査計画の内容も柔軟に変えていく必要がある．
■追跡調査の結果については，公開し，その知見などを以後の環境影響評価に活用できるようにすることも重要である．
■環境保全上の支障が認められ直ちに対応を図る必要がある例
◎追跡調査において，環境保全上の目標値を超えて異常値を示すなどの場合は，直ちに地方公共団体の環境部局などに通報し，原因を究明する対策を講じる．
◎工事中に，騒音・振動などが環境保全上の目標値を超え，住民から苦情が寄せられている場合には，直ちに追加的な環境保全対策を講じる．

10．環境アセスメントにおける情報交流

①情報交流とは

環境に関する情報は様々なところにあり，環境へ配慮するためにそれらを有効利用することは，環境アセスメントの効果的な実施につながる．情報交流とは，より良い環境保全対策が組み込まれるように，環境アセスメントの様々な段階において，適切な時期に事業者から情報提供するとともに，それに対して様々な関係者が情報を提供し，相互のやり取りをすることであ

情報交流のポイント

■円滑な情報交流のために，提供される図書などの資料は工夫して，わかりやすく，読みやすくする必要がある．

■情報交流をするときには，お互いにそれぞれの「背景」，「経緯」，「必要性」などについて理解が深まるようにすることが重要である．

第1章　環境アセスメントの心得

る．適切な情報交流が行われれば，その結果として，合意形成に資することになる．

②情報交流の方法

　環境アセスメント実施内容の設計段階や，調査・評価がある程度まとまった段階などにおいて，事業の内容や環境への影響の情報をまとめ，公表し周知する．公表周知は図書の縦覧が中心であるが，説明会やインターネットなどを活用することもできる．

　誰もが，日ごろから関心をもって環境に関する情報を集め，情報提供の機会を活用することが重要である．情報の提供は一方向に終わることが多いが，相互のやり取りがなされることが実のある情報交流につながる．

③情報交流の成果

　情報交流により，新たな環境課題や配慮方法に気づき，より良い環境保全対策を採用することにつながる．このことで，事業者としては環境配慮による社会貢献をアピールできる．様々な関係者からの情報が，どのように環境配慮に活かされたのかを示すことができる．

■地域の環境目標を達成するためには，事業者だけに任せるのではなく，地域社会全体がかかわっていくという姿勢も必要である．
■情報交流を活性化するため，オープンハウス，ワークショップ，インターネットなどの手法も積極的に活用することが推奨される．
■特に利害関係者が特定されている場合には，これら関係者を集めた個別会合を開催することも効果的である．
■情報交流を円滑にするために，やりとりを介在する第三者（コミュニケーターなど）を積極的に活用することが推奨される．

🔍**留意点**
■情報交流にも期限がある．お互いに情報の小出しや引き伸ばしのための「いいがかり」はやめにして，情報を的確に，わかりやすく伝えることが重要である．
■情報交流に際して意見があった場合，その真意を理解することが重要であり，必ずしも全ての意見を受け入れる必要があるわけではない．
■情報交流を活性化するためには，縦覧場所や時間，情報提供の方法などについても，きめ細かく工夫をして，広く周知できるよう心がけることが推奨される．

11.　環境アセスメントにおける審査

①審査とは

　環境アセスメントのいくつかの段階において，科学的・技術的観点から行政による審査が行われる．審査により行政から事業者に意見が出され，事業者はそれを受けて適正にアセス図書を修正することとなる．

②審査の方法

　審査は，技術指針などに照らしつつ，調査・予測方法，環境影響の程度，環境保全対策および評価の妥当性について専門的・技術的な見地から行い，アセス図書に対する意見をまとめる．

審査のポイント

■多くの地方公共団体では，環境アセスメントの評価項目に応じた専門分野の委員が主体となって審査会を構成している．審査委員はアセス制度ができた歴史的背景，法，条例の内容についてよく理解しておくことが肝要である．
■審査は，環境保全の見地，安全原則などを踏まえて公平に行われる必要がある．過去の事例などにとらわれることは避けるべきで

地方公共団体では条例などによって，環境アセスメントに関する首長の諮問機関として審査会（または審議会）が位置づけられており，環境アセスメント制度（以下，本書に置いて「アセス制度」という）をよく理解した，各評価項目を専門分野とする委員を中心に構成されている．

③審査の内容

計画段階で環境配慮を検討する段階では，位置や規模・構造などにおける環境配慮の妥当性を審査する．

環境アセスメントの進め方を設計する段階では，主に，影響要因，調査・予測・評価手法の適切性を審査する．

アセス図書を作成する段階，評価を決める段階では，主に，調査結果，予測結果（予測条件，適用範囲などを含む），影響評価および環境保全対策の妥当性を審査する．また，"わかりやすいアセス図書"といった観点からも審査する．

審査会，審査結果，各種資料は，一部を除き公開される．

ある．

■本学会では，アセス制度や技術動向をテーマとしていることから，本学会の会員になることにより，効果的に最新の情報を入手することができる．
■地域の事情によって専門家の確保が困難な場合には，環境アセスメント学会の専門家データベースなどを活用して人材確保を図ることが考えられる．

🔍留意点

■行政は，審査委員と十分なコミュニケーションを図ることにより，審査会の適切な運営を図ることが重要である．
■審査は，技術指針を踏まえつつ専門分野に係る最新の知見を活用することが必要である．また，最新の知見は技術指針に反映するよう努めることが重要である．
■審査委員は，特定の専門事項についての趣味的な掘り下げに終始することなく，当該事業の環境影響を評価する観点から，大局的な見地で指摘することが重要である．

12. 環境アセスメントを活かすために

環境アセスメントは多くの関係者の取り組みがあってはじめて効果を発揮することができる．それぞれの立場で果たすべき役割に気づき，積極的に行動することが求められる．

各主体に期待されることとして，以下のような点があげられる．

①事業者

●形式的・義務的にこなせばよいと考えるのではなく，地域の一員として，環境面でアピールができるようなより良い計画・事業をつくるために，環境アセスメントをうまく使いこなすこと．

●様々な関係者と活発な情報交流を図り，納得のいく環境アセスメントの実現を目指すこと．
●実務者からの積極的な提案にも前向きに取り組み，充実した環境アセスメントを作り出すこと．

②行政

●事業者と様々な関係者との情報交流がうまくいくように，積極的に支援すること．
●効率的・効果的な環境アセスメントの実施に資するよう，環境目標の提示や環境情報の収集・提供の充実を図ること．
●常に制度の改善を意識するとともに，普及啓発に努めること．

③専門家・学識者

- 専門分野に閉じこもることなく，環境アセスメントの目的・全体像をよく理解して，知見の提供をすること.
- より良い環境アセスメントの実現に資するよう，調査・予測手法などの開発・改良を進めること.
- あるべき環境アセスメントの姿を理解している人材の教育・育成を図ること.

④実務者

- 最新の技術動向に留意し，事業者に対して積極的に提案をすること.
- 情報交流の媒介役を果たせることを理解し，環境アセスメントの効果的，効率的な実施に資するよう実務を行うこと.
- 成果は学会発表するなど，技術情報の蓄積・交流に努めること.

⑤市民・ＮＧＯ

- 日頃から関心のある環境情報の把握に努め，効果的な情報提供ができるようにすること.
- 市民・ＮＧＯ間での連携を図るとともに，お互いの考えを理解できるようにすること.

第 **2**章

環境アセスメントの図書は どのように作られているのか

　アセス図書には，計画段階配慮書，方法書，準備書，評価書，追跡調査報告書などがある．このうち，具体的な環境への影響を把握して整理したものが準備書である．

　準備書は，主に，①事業の目的および内容，②事業実施場所の地域特性，③環境影響評価項目の選定，④調査，予測および評価により構成される．

　本章では，環境への影響をどのように把握し，それを評価していくのかについての理解を深めるために，事例をあげて，特に準備書について，調査，予測，評価の読み解き方を具体的に示す．

1. 準備書はどのように作られているのか

　準備書は，主に，①事業の目的および内容，②事業実施場所の地域特性，③環境影響評価項目の選定，④調査，予測および評価，により構成される．（以下に準備書の目次例を示す．）

　本章は，この準備書の主な内容について概説する．

環境影響評価法における準備書の目次例

第１章　事業者の名称，代表者の氏名及び主たる事務所の所在地

第２章　対象事業の目的及び内容

第３章　対象事業実施区域及びその周囲の概況
- 自然条件
- 社会条件

第４章　方法書についての意見と事業者の見解

第５章　対象事業に係る環境影響評価項目並びに調査，予測及び評価の手法

第６章　環境影響評価の結果・調査結果の概要並びに予測及び評価の結果
- ①大気環境
- ②水環境
- ③動物
- ④植物
- ⑤生態系
  - :
- 環境保全のための措置
- 事後調査
- 総合評価

第７章　環境影響評価を委託した事業者の名称，代表者の氏名及び主たる事務所の所在地

図2-1 準備書はどのように作られているのか

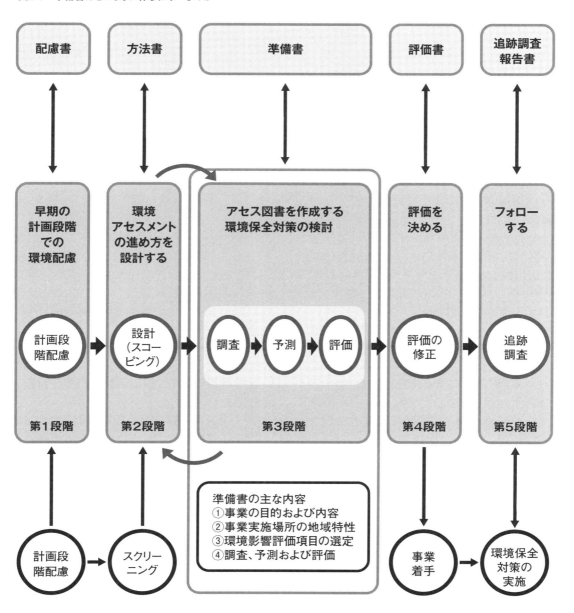

2. 環境に影響を与える主な行為には何があるのか

　ここでは，準備書における調査，予測および評価についてケーススタディを示して説明する．まず，「排気ガスを出す」，「音を出す」，「排水を出す」，「土地を改変する」などといった環境に影響を与える主な行為と，その行為による具体な「環境への影響」について整理する．

　さらに，それぞれの「環境への影響」について，具体例をもとにケーススタディとして，調査，予測および評価の仕方について説明する．

　調査では，既存資料調査により現況把握が十分にできない場合には現地調査を行う．この現地調査を行う場合の，調査項目，調査方法，調査時期・期間，調査範囲・地点の設定の考え方を記載する．

　予測では，代表的な予測結果の例を図示し，環境影響の評価では評価の考え方を記載する．

1 排気ガスを出す

①行為

- 排気ガスは主に物の燃焼に伴い発生する．
- 排気ガスを出す行為には，ごみ焼却場や火力発電所の稼働，車の走行，建設機械の稼働などがある．
- ごみ焼却場や火力発電所では，高温でごみや燃料を燃やすため，高温の排気ガスが発生する．これらの事業所の排気ガスは，高い煙突から排出されるため，一定の地域の広い範囲に拡散する．
- 車の走行では，ガソリンなどの燃焼に伴う排気ガスが発生する．車の排気ガスは道路面に近い低い位置から排出されるため，影響範囲は比較的狭い範囲となるが，道路は数キロメートルの長さで連続するので，道路に沿った長い範囲に影響を及す．
- 建設機械の稼働では，燃料の燃焼に伴う排気ガスが発生する．建設機械の排気ガスは，地上付近から排出されるため，工事現場に近接した範囲に拡散する．建設工事は，短期間に集中して行われることが多いため，一時的ではあるものの大きな影響を及ぼすおそれがある．

②環境への影響

- 排気ガスの中には有害物質（大気汚染物質）が含まれており，それらが大気中に放出さ

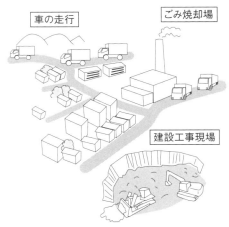

れることにより人の健康や生活環境に影響を及ぼすおそれがある．また，二酸化炭素（CO_2）も発生し，地球温暖化の要因にもなる．

- 有害物質（大気汚染物質）の種類は，燃焼する物などにより異なる．環境基準などで大気汚染物質について種類や基準を定めている．
- 排気ガスの影響を考える場合は，生活空間である住居などの分布状況を考慮する必要があるが，特に学校や病院などの良好な大気環境を維持することが望ましい施設に対してはより一層の配慮を行う必要がある．

コラム

■環境基準とは

　環境基準は，環境基本法に規定されている「維持されることが望ましい基準」である．大気，水，土壌，騒音をどの程度に保つことを目標に施策を実施していくのかという目標を定めたものである．環境基準は，新たな科学的知見を踏まえて，随時，見直すこととされている．

　環境基準を達成するために，個別法に基づき具体的な規制基準が定められている．

第2章　環境アセスメントの図書はどのように作られているのか

【ケーススタディ①】ごみ焼却，煙突からの排気ガス（排気ガスを出す）

■現況調査
- 現況調査は，既存資料調査と現地調査により行った．
- 現地調査は，既存資料では把握できない項目，既存資料で把握できるもののより計画に即した現況を把握すべき項目について調査を行った．

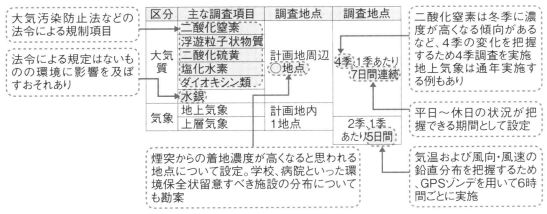

■予測
- 地上濃度は，拡散式などを用いて予測した．
- 予測結果は，等濃度線図（コンター図：右図参照）などにより視覚的にわかり易く記載した．
- 濃度が最も高くなる地点を「最大着地濃度出現地点」といい，この地点での予測濃度に対して考察した．
- 最大着地濃度出現地点以外でも，学校，病院などの環境保全上留意すべき施設近傍の濃度についても考察した．
- 予測した濃度にバックグラウンド濃度を加味して将来濃度とするとともに，将来濃度に対する寄与率も算定した．

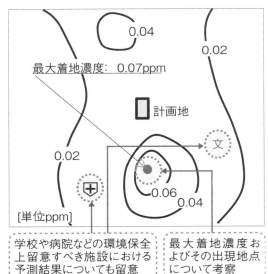

■環境影響の評価
- 排ガスによる影響を可能な限り低減するために，排ガス処理対策，煙突高さなどの環境保全対策を明らかにする（ベスト追求）．
- 予測濃度について，現況との比較や環境基準などの目標値との比較を行う．
- 上記の結果を受けて排ガスによる影響を評価する．

❷ 音を出す

①行為
- 音は主に物の運動に伴い発生する．
- 音を出す行為には，工場内の設備機器や風力発電機器などの稼働，車の走行，電車の走行，飛行機の運航，建設機械の稼働などがある．
- 工場内の設備機器などの稼働に伴う騒音は，工場の操業に伴い，常時周辺に影響を及ぼすおそれがある．
- 風力発電機器の稼働に伴う騒音は，風車の回転に伴い発生する風切り音が周辺に影響を及ぼすおそれがある．
- 車の走行，電車の走行に伴う騒音は，道路や線路に沿った長い範囲に影響を及ぼす．
- 飛行機の運航に伴う騒音は，飛行場への離発着により，空中を騒音源が移動するため，広い範囲に影響を及ぼす．
- 建設機械の稼働は，短期間に集中して行われることが多いため，一時的ではあるものの近隣に大きな影響を及ぼすおそれがある．

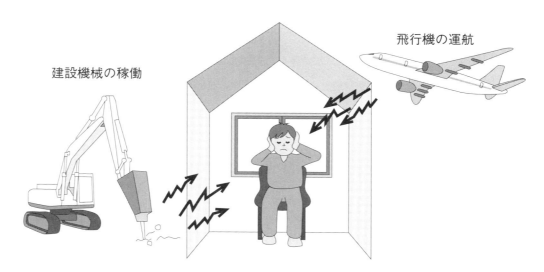

②環境への影響
- 騒音は感覚公害の一つであり，騒音による影響としては，不快感，日常生活の妨害（睡眠妨害，作業効率の低下，会話妨害など），生理機能の変化などがあげられる．
- 騒音の大きさが大きいほど，不快感や，日常生活の妨害の程度が増すものといえる．
- 猛禽類などへの影響が懸念されるケースがある．
- 騒音においては昼間・夜間で異なる環境基準が設定されている．
- 騒音の影響を考える場合は，生活空間である住居などの分布状況を考慮する必要があるが，特に学校や病院などの静穏な環境を維持することが望ましい施設に対してはより一層の配慮を行う必要がある．

コラム
■感覚公害
　人の感覚を刺激して不快感として受け止められるものであり，受け止め方に個人差がある．具体的には，騒音，振動，悪臭など（低周波音も感覚公害の一つ）があげられる．
　このような感覚は，年齢や健康状態，周辺状況によっても影響される．このため，例えば，騒音でいえば夜間の睡眠の影響が考慮され，昼間に比べて夜間の基準値が低く設定されている．

第2章 環境アセスメントの図書はどのように作られているのか

【ケーススタディ②】：道路，自動車の走行（音を出す）

■現況調査
- 現況調査は，自治体などが実施している測定結果（環境センサスなど）の既存資料を整理・解析するとともに，現地調査により現況把握を実施した．

騒音の状況を代表し得る1日とし，関係法令などに定める時間区分ごとに測定
虫の鳴き声，イベントなどの特異な音が低いと考えられる時期に測定

区分	主な調査項目	調査地点	調査地点
騒音	道路交通騒音	計画地周辺○地点	1日（24時間連続）
交通量	自動車交通量		

環境基本法の規定に基づく騒音に係る環境基準との比較対象となる騒音（L_{Aeq}）

病院、学校や住宅などの分布などの土地利用の状況および計画道路の平面、橋梁、盛土などの構造を考慮

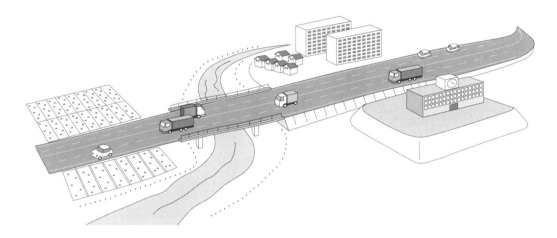

■予測
- 予測は，日本音響学会が策定した音の伝搬理論式を用いて官民境界（道路と民地の境界）の道路交通騒音レベルを予測した．また，背後地が住居地域であるため，ここについても予測した．
- 計画道路周辺に中高層住宅が存在するため，その高さ方向についても予測した．
- 予測結果は，表および距離減衰図（下図参照）によりわかりやすく記載した．

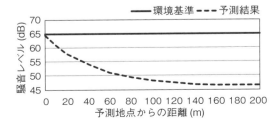

■環境影響の評価
- 道路交通騒音の影響を可能な限り低減するために，遮音壁や低騒音舗装などの環境保全対策を明らかにする（ベスト追求）．
- 騒音について，現況との比較や環境基準などの目標値との比較を行う．特に，学校などの静穏を要する施設については，特別な基準を用いる．
- 上記の結果を受けて騒音による影響を評価する．

❸ 排水を出す

①行為
- 排水は水の使用に伴い発生する.
- 排水を出す行為には，工場や下水処理場からの排水，工場や発電所からの温排水（冷却に使用したもの），工事現場などからの雨水排水（濁水）などがある.
- 工場や下水処理場などからの排水については，工場などの操業に伴い，排水中に含有される水質汚濁物質が河川や湖沼・海域に大きな影響を及ぼすおそれがある.
- 工場や発電所からの温排水については，温度が数度高い程度であっても排水先の河川水や海水より比重が軽いため，広範囲に影響が広がる場合がある．また，排水量が多い場合には排水先の流れや水域生態系に影響が生じる場合がある.
- 工事現場などからの雨水排水については，一時的ではあるものの排水先の河川や湖沼，海域に濁水として大きな影響を及ぼすおそれがある.

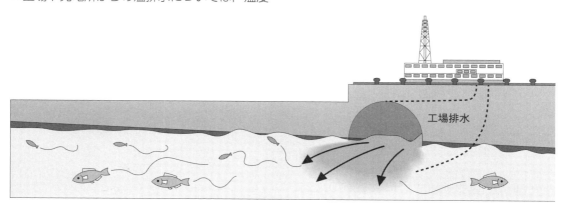

②環境への影響
- 排水の中には有害物質が含まれている場合があり，それらが人の健康や生活環境へ影響を及ぼすおそれがある.
- また，排水による一般的な影響としては，「色」，「濁り」，「におい」の変化として感じられるが，このほかに，水質や水温の変化による水生生物の生息などへの影響がある.
- 水域の汚濁（富栄養化）が進行すると，植物プランクトンが異常発生することによる赤潮や，水底の貧酸素水が表層に運ばれることによる青潮といった現象が発生することもある.
- 水質の環境基準は，健康に関する基準に加え，水域の利用状況（水浴・水産利用・自然探索など）に応じた基準が定められている.

コラム
■水生生物の保全に係る水質の環境基準
- 河川や湖沼などには，数多くの水生生物（魚介類、底生生物）が生息しており，これら水生生物の保全を目的として，平成15年に水生の生物保全に係る水質環境基準が新たに設定された.

■富栄養化の影響
- 水域の窒素の増加といった富栄養化によって，赤潮が起きると，その水域の生物に被害を与えることがある．水中の酸素濃度の低下や毒性をもつプランクトンが増殖するため，特に養殖を行っている内湾などでは大きな被害をもたらすこともある.
- 富栄養化の著しい海域では，底層の貧酸素水が水生生物に影響を与えている．例えば，貧酸素水塊が表層に運ばれ，水面が青白く見える現象を青潮と呼び，硫黄による異臭や，魚介類の大量へい死をまねくことがある.

【ケーススタディ③】：火力発電所［排水（温排水）を出す］

■現況調査
- 現況調査は，既存資料調査と現地調査により行った．
- 現地調査は，海域の状況をより詳細に把握すべき項目について調査を行った．

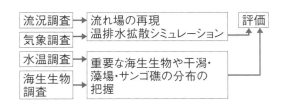

区分	主な調査項目	調査地点	調査地点
気象	気温、風速、雲量	周辺の測定局	過去30年間（文献調査）
海象	水温（鉛直分布）	計画地前面1地点	1年間連続
海象	水温（水平分布）	計画地周辺○地点	4季
海象	流向および流速（流れ場）	計画地周辺○地点	4季、1季あたり15昼夜連続
海生生物海象	魚類、潮間帯生物、底生生物、卵稚仔、プランクトン、干潟藻場、サンゴ礁	計画地周辺○地点	4季

吹き出し：
- 海面から大気への放熱係数を算出するために必要
- 1℃昇温域を包含できるよう、広い範囲で調査地点を設定
- 水温計を用いて1年間の連続観測を実施
- 流速計を用いて15昼夜（新月から満月までを含む）の連続観測を実施

■予測
- シミュレーションにより流れ場の再現を行い，事業実施後の温排水により水温が上昇する範囲を予測した．
- 予測結果は，温排水による1～3℃の水温上昇を視覚的にわかり易く記載した（下図参照）．

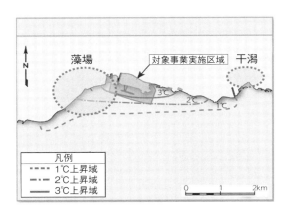

■環境影響の評価
- 温排水による藻場・干潟などに対する影響を可能な限り低減できるよう，排水位置・形状などの環境保全対策を明らかにする（ベスト追求）．
- 水温については，環境基準などはないが，水温変化のみならず，海生生物の生息環境（例えば魚類などでは2～3℃昇温で忌避，ノリでは1℃昇温で成長速度に影響あり）についても考察する．
- 上記の結果を受けて温排水による影響を評価する．

❹ 風の流れ，強さを変える

①行為
- 風の流れや強さは，風を遮るものの出現に伴い変化する．
- 風の流れや強さを変える行為には，高層建築物などの存在がある．

②環境への影響
- 建物が高層であるほど上空の速い風を地上に引きこむことから，高層建築物の足下付近では，強風が吹く傾向が高まる．
- 高層建築物などの存在による風の影響の広がりは，一般的に建物の高さの1.5倍から2.0倍程度の範囲とされている．
- 高層建築物などの存在により，強い風が吹く場合は，家屋や歩行者への生活環境に影響を及ぼすおそれがある．
- 風については，家屋や歩行者の受ける影響を評価する尺度（風環境評価指標）が提案され，実際の環境アセスメントにおいては，これに基づいた運用がなされている．
- 高層建築物などの存在にともなう風の影響を考える場合は，その建物の周辺の土地の利用特性を考慮する必要がある．特に，穏やかな環境を維持することが望ましい学校や病院などの施設に対してはより一層の配慮を行う必要がある．

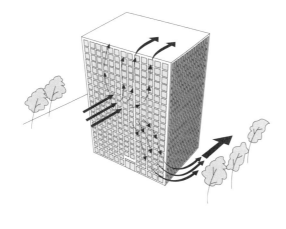
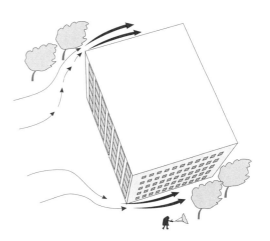

コラム

■風環境評価指標
　環境アセスメントで用いられている風環境の評価の指標として，日最大瞬間風速（2〜3秒）の発生頻度を基に評価する方法，平均風速（10分間平均風速）の累積頻度を基に評価する方法，の2つが一般的に用いられている．

■高層建築物とは
　高層建築物について，建築基準法では定義されていないが，消防法，電波法では，高層建築物を「高さ31mを超える建築物」としている．一方，環境アセスメントについては，各条例により対象とする高さを規定している．例えば東京都の場合，100m以上の高さかつ延べ床面積10万㎡の建物が対象となる．（特定の地域では緩和あり）
- 高層建築物などが新たに出現すると，従来流れていた風がその建物に当たることとなる．建物に当たった風は，壁面に沿って流れ，建物のかど（隅角部）で周囲の風よりも速い流速で流れる．
- また，風は高層建築物などに当たると，一般的に建物高さの60〜70%付近（分岐点と呼ばれる）で上下左右に分かれる．左右に分かれた風は，建物背後に吸い込まれ建物の側面を上方から下方に斜めに向かう速い流れとなる．

【ケーススタディ④】：超高層建築物（風の流れ，強さを変える）

■現況調査

- 現況調査は，事業予定地周辺の風の状況を自治体などが実施している測定結果（気象台）の既存資料により整理・解析した．また，土地建物の状況を住宅地図および現地踏査により現況を把握した．
- また，近傍で計画されている大規模建築物に関しては，先行するアセス図書を確認した．

区分	主な調査項目	調査地点・範囲	調査期間・地点
風	風向・風速	計画地近傍の気象台	5年〜10年間
周辺建物	位置・形状・高さ	計画地を中心に計画建物高さの3倍の長さを半径とする範囲	現状および建物竣工時

- 建物高さの1.5〜2.0倍程度まで建築物の風の影響が生じる可能性があることを考慮
- 年によってばらつきがあることを考慮し，5年以上の調査結果を現況調査として整理
- 特に都市部では近傍で他高層建築物の計画が存在する可能性があることに留意

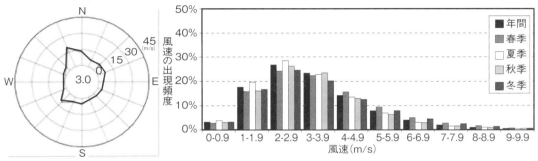

風配図・風速頻度（参考：東京管区気象台（1997〜2006））

■予測

- 予測解析の範囲は，計画建築物を中心として計画建物高さの3倍の長さを半径とする範囲について三次元モデル化した．
- 予測は，風洞実験ではなく，三次元数値シミュレーションにより，現況と将来の計画地周辺の風環境を予測した．
- 予測地点は，計画建築物近傍の道路歩道部や不特定多数の人が集まる公園を予測地点とした．
- 予測結果は，気象台における卓越風向に対する各予測地点での風速比と風向を組み合わせたベクトルで図示（上図）することや，各予測地点の風環境の予測結果をランク別に図示することによりわかりやすく記載した．

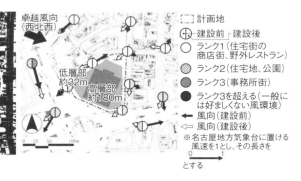

■環境影響の評価

- 建物形状の工夫や常緑高木植栽などの環境保全対策を明らかにする．
- 風の変化の程度については，日最大瞬間風速の出現頻度に基づく尺度を用いて把握する．
- 上記の結果を受けて風の変化による影響を評価する．

5 土地を改変する

①行為

- 土地の改変は，掘削，盛土，埋立てや地盤改良，舗装などにより生じる．
- 土地を改変する行為には，工業団地や土地区画整理などの土地造成や，施設・工作物の設置などがある．
- 土地の改変は，それが行われる場所の水域・水流（地下水脈を含む）の変化，地形・地質の改変を生じさせる．
- また，土地の改変は，陸域では，樹木や草本の伐採による動物・植物の生息・生育環境の変化を生じさせる．水域では，水域の消失や流れの変化などにより動物・植物の生息・生育環境の変化を生じさせる．
- これらの変化の総体として，生態系の変化を生じさせる．
- なお，土地の改変に伴い，自然由来の汚染物質が現出する場合がある．

②環境への影響

- 水域・水流（地下水脈を含む）の変化は，集水域の変化による水面の面積，水量，水位へ影響を及ぼす．また，地下水脈の分断による地下水位の変動や湧水への影響を及ぼすおそれがある．
- 地形・地質の改変は，天然記念物などに指定されている重要な場所の場合には，直接的な影響を及ぼす．また，盛土・切土の方法や程度によっては，土地の安定性に影響を及ぼすおそれがある．
- 動物・植物の生息・生育環境の変化は，そこを生息・生育域としている動物・植物の個体数の減少や消失を生じるおそれがある．特に稀少種などには重大な影響を及ぼすおそれがある．
- 上述の水域・水流の変化，地形・地質の改変は，それを基盤として成立している生態系の構造に変化を及ぼす．また，動植物の生息・生育環境の変化は，食物連鎖や物質循環などを通して生態系の機能・構造に変化を及ぼす．
- 土地の改変は，一度行われてしまうと元に戻すことが非常に困難である．このために，改変の対象となる場所に重要な地形・地質が存在していないか，重要な動植物の生息・生育場となっていないかといった事前調査が重要である．
- なお，自然由来で現出した汚染物質についても拡散防止などに留意が必要である．

コラム

■ RL・RDB とは

　RL（レッドリスト）とは，日本の絶滅のおそれのある野生生物の種のリストである．日本に生息または生育する野生生物について，絶滅の危険度を評価・選定されている．
　RDB（レッドデータブック）とは，RL に掲載されている種について生息状況や減少要因などをとりまとめたものである．

第2章　環境アセスメントの図書はどのように作られているのか

【ケーススタディ⑤】：工業団地（土地を改変する）

■予測
- 動植物相の調査結果から，事業に伴い影響を受けるおそれのある重要種を選定して，予測の対象とした．
- 動植物相の重要種や生態系の注目種に対する環境保全対策（下図）を踏まえ，生息・生育環境の変化の程度を予測した．

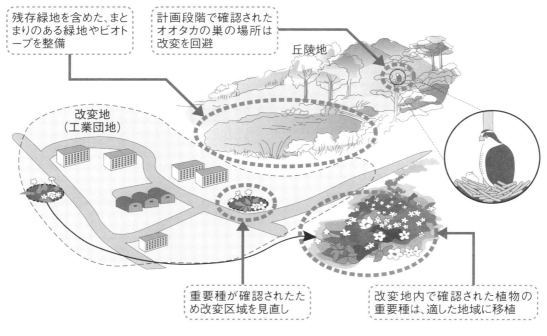

■環境影響の評価
- 計画段階において，重要種の生息・生育地の改変は回避した．また，急傾斜地などの改変は回避した．
- 土地の改変による動植物に対する影響を可能な限り低減できるよう，改変区域の見直しや適地への移植，緑化などの環境保全対策を明らかにした（ベスト追求）．
- 動植物の生息・生育環境の変化は，改変工事中に最大となり，改変後は緑化などによってあるレベルに落ち着くことから，予測評価の時期についても留意することが重要である．
- 上記の結果を受けて土地の改変による影響を評価する．

❻ 景観を変える

①行為
- 自然の眺望や都市の景観は，地形の改変や施設の設置に伴い変化する．
- 景観を変える行為には，工業団地や土地区画整理などの土地造成や，施設・工作物の設置，高層・大規模建築物の建設などがある．
- 工業団地や土地区画整理などの土地造成により，その場の景観を構成していた地形や緑地などそのものが改変される．
- 施設・工作物の設置，高層・大規模建築物の建設などにより，自然的な風景や市街地・都市の景観が変化したり，眺望できる場所（眺望地点）に影響が生じたりする．

②環境への影響
- 景観に対する影響としては，景観を構成する主要な要素の改変，眺望地点からの眺望の変化，景勝地（良い風景として有名な場所）の消滅・変化，地域における景観特性の変化が想定され，行為の位置や規模に応じて，広域的に影響を及ぼす可能性がある．
- また，高層建築物などの施設そのものにより，圧迫感が生じることも想定される．
- 景観は，一度改変されてしまうと元に戻すことが非常に困難である．このために，景観を構成する主要な要素，眺望地点，景勝地，地

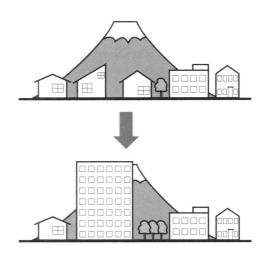

域景観の特性について，事前調査しておくことが重要である．
- 景観法に基づく景観計画が地方公共団体において作成され，景観形成に向けての誘導方針が示されている場合には，その方針についても十分な留意が必要となる．
- 圧迫感については，施設近傍の土地利用（公園，住宅などの状況）を把握しておくことが重要である．

コラム

■景観法

　景観法は，都市，農山漁村などにおける良好な景観の形成を図るため，良好な景観の形成に関する基本理念および国などの責務を定めるとともに，景観計画の策定，景観計画区域，景観地区などにおける良好な景観の形成のための規制，景観整備機構による支援など所要の措置を講ずるわが国で初めての景観についての総合的な法律である．
　この景観法とともに，都市における緑地の保全および緑化の推進に関し必要な事項を定め，良好な都市環境の形成を図る「都市緑地法」，良好な景観の形成または風致の維持や公衆に対する危害の防止を目的とした「屋外広告物法」を総称し，景観緑三法と呼ぶ．

【ケーススタディ⑥】：高層建築物（景色を変える）

■現況調査
- 現況調査は，自治体などが定めている景観に関する計画（景観法に基づく景観計画など）の既存資料を整理した．
- 既存資料の結果をもとに，景観計画などで定められた景観上重要な眺望地点や計画地を眺望でき，不特定多数の人が集まる地点（主要な眺望地点）を選定し，写真を撮影した．また，計画地外周道路の歩道にて天空写真（右図参照）を撮影した．

第2章 環境アセスメントの図書はどのように作られているのか

区分	調査項目	調査地点	調査頻度
景観	地域景観の特性	事業予定地および周辺	—
	主要な眺望地点からの景観	計画地周辺○地点	1日
	圧迫感の状況	計画地前面道路	

主要な眺望地点は、計画地からの方位・距離などを勘案して選定

天候の良い日に撮影する。計画地や周辺の景観特性に応じて着葉・落葉期の2季や、春夏秋冬の4季とする場合も有

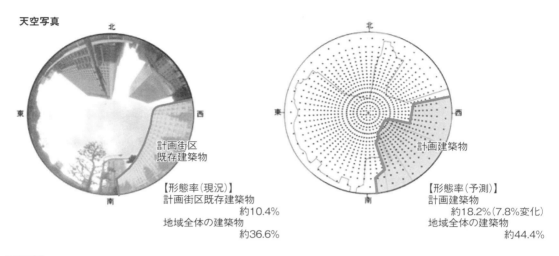

■予測
- 予測は，計画建築物による景観の変化および圧迫感の程度とした．
- 主要な眺望地点から計画地を眺望した現況写真に，計画建築物の完成イメージ図を描画したフォトモンタージュを作成し，景観の変化の程度を把握した．
- また，現況の天空写真に計画建築物の形状を描画することにより，天空写真に占める計画建物の占める割合（形態率）を算定し，圧迫感の程度を把握した．

■環境影響の評価
- 計画建築物の高層部のセットバックなど形状の工夫や，敷地内の常緑高木植栽などの環境保全対策を明らかにする．
- 景観の変化については，フォトモンタージュをもとに，当該地域の目指す景観形成に適合しているのかを定性的に確認する．
- 圧迫感については，形態率の変化の程度を数値で確認する．
- 上記の結果を受けて景観の変化による影響を評価する．

3. 事業特性と地域特性を踏まえた環境影響評価項目の選定

　ここでは，準備書における①事業の目的及び内容，②事業実施場所の地域特性，③環境影響評価項目の選定について説明する.

　環境アセスメントを進めるためには，「排気ガスを出す」，「排水を出す」，「土地を改変する」などを引き起こす行為（影響要因）とそれによる環境影響を具体の事業に当てはめることが必要になる. そのため，事業特性および地域特性をしっかり把握したうえで，環境影響評価項目を適切に選定する必要がある.

　まず，事業特性を定量的に整理し，事業を行った際に周辺環境に及ぼす影響要因を的確に把握する.

　次に，地域の特性によって受ける影響が異なることから，その特性に応じた影響を受ける評価項目を的確に把握するため，地域特性を整理する必要がある.

　そして，環境影響評価項目の選定は，事業特性と地域特性から把握できた影響要因と評価項目を関連付け，マトリックス表として整理することにより行う.

　このマトリックス表での整理を，面事業（住宅団地造成）・線事業（道路・鉄道）・点事業（ごみ焼却施設・火力発電所）に区分して具体例をもとにケーススタディとして説明する.

①事業特性と地域特性の把握

■ 事業特性を調べる

　事業を行った際に周辺環境に及ぼす影響要因を的確に把握するため，事業特性を定量的に整理する必要がある.

　事業特性としては，事業の種類・規模，事業区域，施設の配置や構造などを明らかにする. 工事についても，工事の範囲・規模，工事期間，工事用車両台数・走行ルート，建設機械の種類・台数などを明らかにする.

■ 地域特性を調べる

　地域の特性によって受ける影響が異なることから，その特性に応じた影響を受ける評価項目を的確に把握するため，地域特性を整理する

必要がある.

　地域特性としては，事業区域およびその周辺が住宅地か，産業地域か，自然が豊かな地域かなどの社会環境，自然環境，関係法令などを既存資料などを用いて把握する必要がある.

　自然環境としては，自然地などの分布や保護地域の状況などを把握する.

　社会環境としては，学校や病院，遺跡などの環境保全上留意すべき施設の分布状況などを把握する.

　大気質や水質の現状といった環境質の状況を把握することも重要である.

②環境影響評価項目の選定（マトリックス表の作成）

　環境影響評価項目の選定は，事業特性と地域特性から把握できた影響要因と評価項目を関連付け，マトリックス表として整理することにより行う.

　影響要因は，事業特性から把握できた，排気ガスを出す，排水を出す，土地を改変するなどを引き起こす行為（施設の建設・建設機械の稼働・施設の存在・施設の稼働など）として整理する. 評価項目は，法や条例に基づき示された参考的な項目（大気環境・水環境・土壌環境・自然環境などの環境要素）を基本として，その他必要な項目を適宜追加して整理する.

　環境影響評価項目の選定は，事業特性と地域特性を十分に踏まえて影響要因ごとに影響を受けるおそれのある評価項目を特定することにより行う.

　なお，一般的には法や条例に基づき事業の種類ごとに参考的なマトリックス表が示されているが，環境影響評価項目の選定は事業特性と地域特性に基づいて必要なものを取捨選択することが重要である.

　環境影響評価項目の選定は，影響要因によって影響を受けるおそれがある環境の項目（評価項目）をマトリックス表に整理することで把握

第2章　環境アセスメントの図書はどのように作られているのか

する．

　以降において事業特性を面事業・線事業・点事業に区分して具体例をもとに環境影響評価項目の特定の考え方（マトリックス表の作り方）を示す．

　ケーススタディでは，事業の種類から必然的に選ばれるものは◎で，事業特性および地域特性に応じて特定の考え方で選ばれるものは○で示している．

参考：マトリックス表（幅広く環境影響評価項目を示す事例）

環境影響評価項目			工事中			供用時			
						施設の存在		施設の供用	
			建設機械の稼動	工事用車両の走行	工事の影響	緑の回復育成	大規模建築物の存在	施設の供用	施設関連車両の走行
大気		大気質							
		悪臭							
		上記以外の大気環境要素							
水	水質	公共用水域							
		地下水							
		水温							
		底質							
	水象	水量・流量・流出量							
		湧水							
		潮流							
		上記以外の水環境要素							
土	地形・地質	土砂流出							
		崩壊							
		斜面安定							
	地盤	地下水位							
		地盤沈下							
		変状							
		土壌汚染							
生物		植物							
		動物							
		生態系							
緑		緑の質							
		緑の量							
騒音・振動・低周波音		騒音							
		振動							
		低周波音							
廃棄物等		一般廃棄物							
		産業廃棄物							
		建設発生土							
構造物の影響		景観（景観、圧迫感）							
		日照阻害							
		テレビ受信障害							
		風害							
地域社会		コミュニティ施設							
		人と自然とのふれあい活動の場							
	地域交通	交通混雑、交通安全							
		地域分断							
		歴史的文化的遺産							
安全		火災、爆発、化学物質の漏洩等							
		温室効果ガス							

【ケーススタディ①】面事業：住宅地造成事業におけるマトリックス表の読み取り方

■事業概要
当該事業は丘陵地の端部の谷部や稜線を切土，盛土により造成し，住宅団地を造成する事業である．近隣には既に宅地化されたエリアも存在する．

■事業特性の把握

事業の種類	住宅団地造成事業
事業規模	約150ha（切土面積50ha、盛土面積50ha）
計画区画 計画人口	人口 8,000人 / 区画 戸建て住宅、約2,000戸
工事期間	○年度～○年度
供用開始	○年度（予定）

■地域の特性

自然的状況	計画地は動植物の主要な生育・生息地として知られている丘陵地帯の端部に位置している
社会的状況	計画地は住宅化されたエリアに接しており、住宅地内に学校、病院、公園などが存在する
関係法令等	法令、条例に基づく、地域指定、基準値などが定められている

現況調査地点の選定において配慮

■影響要因と環境要素のマトリックス表

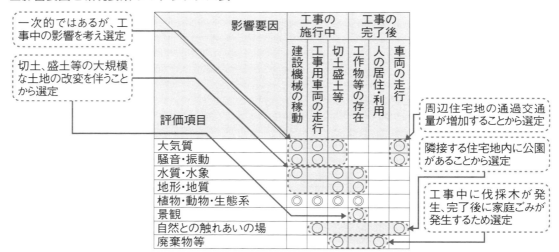

コラム
■マトリックス表の作成時のポイント
環境影響評価項目の選定の際は，法や条例に基づき事業の種類ごとに示されている参考的なマトリックス表を勘案しつつも，効率的でメリハリの効いた環境影響評価項目の選定をするため，事業特性および地域特性に関する情報を踏まえ，必要な項目を適切に選定する．

【項目選定・非選定の例】
面事業のケーススタディ①から
● 大規模な土地の変化を伴うことから，工事の施行中および工事の完了後の水質・水象，地形・地質や景観を選定する．
● 周辺住宅地の通過交通量が増加することから，工事完了後の大気質，騒音および振動を選定する．
線事業のケーススタディ②から
● 動物の生息地の分断，植物の生育地の改変が考えられることから，動物，植物および生態系を選定する．
点事業のケーススタディ④から
● 計画地内およびその周辺に動植物の主要な生育・生息地が存在しないことから，動物，植物を選定しない．

第2章 環境アセスメントの図書はどのように作られているのか

【ケーススタディ②】線事業：道路事業におけるマトリックス表の読み取り方

■事業概要

当該事業は，都市近郊の里山を通過する4車線の自動車専用道路を新設する事業である．都市部分は高架構造で計画されており，里山区間は切土，盛土構造で計画されている．

■事業特性の把握

種類	自動車専用道（4車線）
構造	都市部：高架 里山部：切土，盛土，平面
延長	約30km（○○IC～○○IC）
工事期間	○年度～○年度
供用開始	○年度（予定）

■地域の特性

現況調査地点の選定において配慮

自然的状況	動植物の主要な生育・生息地である里山が存在する。過去に猛禽類の営巣が確認された
社会的状況	計画路線付近には、学校、病院などが存在する。遺跡公園が存在する
関係法令等	法令、条例に基づく、地域指定、基準値などが定められている

■影響要因と環境要素のマトリックス表

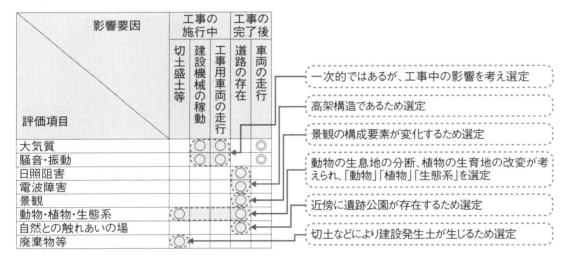

【ケーススタディ③】線事業：在来鉄道（地下化）におけるマトリックス表の読み取り方

■事業概要

当該事業は，大都市市街地内を走行する在来鉄道を地下に移設する事業である．この事業により，主要道路と鉄道が交差する踏切での交通渋滞を解消する．地下式はトンネル構造および掘割構造で計画されている．トンネルは，駅部における箱型トンネル（開削工事）とそれ以外は円形トンネル（シールド工事）となる．

■事業特性の把握

種類	在来鉄道の地下移設
構造	地下式（円形トンネル、箱型トンネル、掘割） 既往3駅はすべて地下に移設
延長	約5km（地下区間）
工事期間	○年度～○年度
供用開始	○年度（予定）

■地域の特性

自然的状況	事業計画地の周辺は既に市街化されており、動植物の主要な生育・生息地が少ない
社会的状況	事業計画地の周辺は、住宅が密集した市街地であり、学校、病院なども存在する。また、近傍に周知の埋蔵文化財包蔵地が存在する
関係法令等	法令、条例に基づく、地域指定、基準値などが定められている

■影響要因と環境要素のマトリックス表

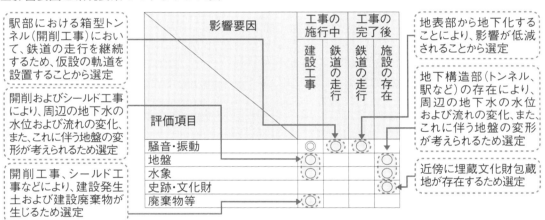

- 駅部における箱型トンネル（開削工事）において、鉄道の走行を継続するため、仮設の軌道を設置することから選定
- 開削およびシールド工事により、周辺の地下水の水位および流れの変化、また、これに伴う地盤の変形が考えられるため選定
- 開削工事、シールド工事などにより、建設発生土および建設廃棄物が生じるため選定
- 地表部から地下化することにより、影響が低減されることから選定
- 地下構造部（トンネル、駅など）の存在により、周辺の地下水の水位および流れの変化、また、これに伴う地盤の変形が考えられるため選定
- 近傍に埋蔵文化財包蔵地が存在するため選定

【ケーススタディ④】点事業：ごみ焼却施設におけるマトリックス表の読み取り方

■事業概要

当該事業は，工業地域内の工場跡地にごみ焼却施設を新設する事業である．ごみ焼却に伴う余熱を活用した発電を行う施設である．

■事業特性の把握

敷地面積		約○○○㎡
処理能力		600t/日（300t/24時間×2炉）
主な建築物など	工場棟	鉄筋コンクリート造、高さ約30m
	煙突	高さ約150m
工事期間		○年度～○年度
供用開始		○年度（予定）

■地域の特性

自然的状況	計画地は工場地域内の工場跡地であり、計画地内およびその周辺に動植物の主要な生育・生息地は存在しない
社会的状況	工場地域であるが、周囲は市街化されており、学校、病院などが近くに存在する
関係法令等	法令、条例に基づく、地域指定、基準値などが定められている

- 「地形・地質」「動物」「植物」を評価項目として選定しない。
- 現況調査地点の選定において配慮する。

第2章　環境アセスメントの図書はどのように作られているのか

■影響要因と環境要素のマトリックス表

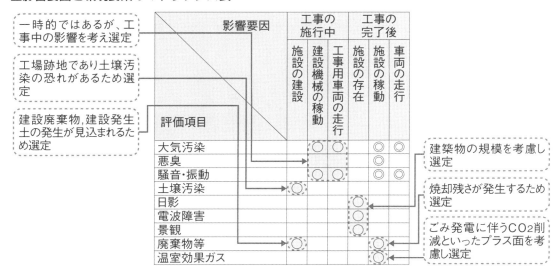

【ケーススタディ⑤】点事業：火力発電所におけるマトリックス表の読み取り方

■事業概要

当該事業は，工業地域内において天然ガスを用いた火力発電所を新設する事業である．天然ガスは，LNG基地からパイプラインで供給する．

■事業特性の把握

敷地面積	約○○○m²	
発電燃料	天然ガス	
発電出力	80万kw	
主な建築物など	建屋	鉄筋コンクリート造、高さ約40m
	煙突	高さ約100m
復水器の冷却方式	海水冷却、冷却水量20m³/秒	
工事期間	○年度～○年度	
供用開始	○年度（予定）	

■地域の特性

自然的状況	港湾区域内の埋立地あり、貴重な地形・地質が存在せず、陸域の動植物の主要な生育・生息地は存在しないが、海域には干潟・藻場が存在する。
社会的状況	計画地は工業専用地域であるが、1km以内に居住地域がある
関係法令等	法令、条例に基づく地域指定、基準値などが定められている

■影響要因と環境要素のマトリックス表

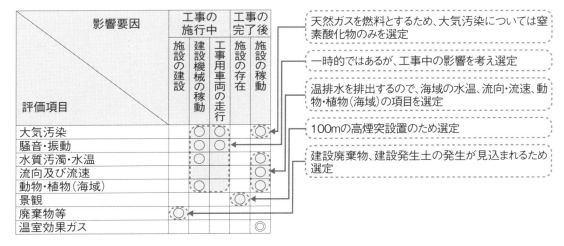

第2部

環境アセスメントの制度

第3章 国の制度／環境影響評価法の概要

　わが国の環境アセスメントは，1997年に成立した「環境影響評価法」に基づき実施されている．本章では，環境影響評価法の成立に至る経緯と，法体系や手続きの流れ，施行状況など，国の制度に基づく環境アセスメントについて紹介する．

1. 環境影響評価法の制定および改正の経緯

　環境影響評価（環境アセスメント）の制度は，1969年（昭和44年）にアメリカにおいてNEPA（National Environmental Policy Act：国家環境政策法）により世界で初めて制度化された．わが国においても，激甚な公害とそれに対する反省から環境アセスメントへの取り組みは早く，1972年（昭和47年）に公共事業での環境アセスメントが閣議了解により導入され，その後，1973年（昭和48年）に港湾法や公有水面埋立法の改正により港湾計画の策定や，公有水面埋立の免許などに際して環境アセスメントが制度化されたほか，同年に制定された瀬戸内海環境保全臨時措置法にもアセス制度が導入された．また，こうした制度以外にも，苫小牧東部やむつ小川原などの大規模工業開発計画に係る環境アセスメントの実施，発電所の立地，整備五新幹線や本州四国連絡橋児島・坂出ルート建設事業などの個別事業についての環境アセスメントが実施されている．

　こうして環境アセスメントの必要性の認識が高まり，実績も積み重ねられていく中で，環境庁（当時）は環境影響評価制度の統一的な確立を目指し，1981年（昭和56年）に「環境影響評価法案」（旧法案）が国会に提出されたが，開発行為の遅延を懸念する反発と発電所を含まないなど法案の内容が不十分とする反発がともに強い中，審議未了・廃案となった．

　旧法案の廃案後，当面の事態に対応するため，旧法案の要綱をベースとして政府内部の申し合わせにより統一的なルールを設けることとなり，1984年（昭和59年）に「環境影響評価の実施について」が閣議決定された（い

わゆる「閣議アセス」）．閣議アセスに基づく環境アセスメントは，1986年（昭和61年）から1998年（平成10年）3月末までに400件の事業が手続きを終えている．このうち，事業所管大臣から環境庁長官の意見を求められたのは，計24件に過ぎず，かつ，いずれも道路事業となっている．

　その後，1993年（平成5年）に制定された「環境基本法」において，環境アセスメントの推進に係る条文が盛り込まれたことをきっかけに，環境影響評価制度の今後の在り方について関係省庁一体となって調査研究を進め，その結果などを踏まえ，再度法制化も含めた見直しを行うこととなった．その結果，新しい環境政策の枠組みに対応するとともに，諸外国の環境影響評価制度の実施状況，環境アセスメントの技術手法の状況などを取り入れ，1997年（平成9年）に「環境影響評価法」が成立し，1999年（平成11年）に完全施行された．これにより，ようやくわが国でも法律に基づく制度として環境アセスメントが行われることとなった．

　法律の完全施行後10年の経過を受け，環境省において法律の見直しに向けた検討を行い，2011年（平成23年）に大規模な法改正が行われ，計画段階配慮書の手続き，環境保全措置などの結果の報告・公表手続きなどの仕組みが新たに加わった．

　また，2011年（平成23年）の東日本大震災および東京電力福島第一原子力発電所の事故を契機に，2013年（平成25年）に，環境影響評価手続きの対象に放射性物質による環境影響を含める旨の法改正が行われた．

2. 環境影響評価法の概要

❶ 法の体系

環境影響評価法は，規模が大きく環境影響の程度が著しいものとなるおそれのある事業について環境アセスメントの手続きを定め，環境アセスメントの結果を事業内容に関する決定（事業の許認可など）に反映させることにより，事業が環境の保全に十分に配慮して行われるようにすることを目的としている．また，法律の実施のために必要な細目を環境影響評価法施行令や環境影響評価法施行規則で定めている（図3-1）．

本法の対象となる個別の事業（対象事業）については，適切な環境アセスメントが実施されるよう，その具体的な実施方法（基準・指針）に関して，事業の種類にかかわらず横断的な基本となるべき事項を環境省が基本的事項として定めるとともに，この基本的事項に基づき，事業所管大臣が環境大臣と協議の上，事業特性や立地条件などを勘案して事業種ごとに，各事業に係る環境アセスメントの実施方法を，主務省令で定めている．

また，本法においては，地方公共団体における環境アセスメントに関する条例との関係を整理し，法対象事業の規模要件を満たさない事業や，法対象となっていない事業を含めた幅広い事業を条例の対象として位置づけうるものとして，法と条例が一体となって体系的な環境アセスメントが行われる仕組みとしている．

図3-1　環境影響評価法の体系

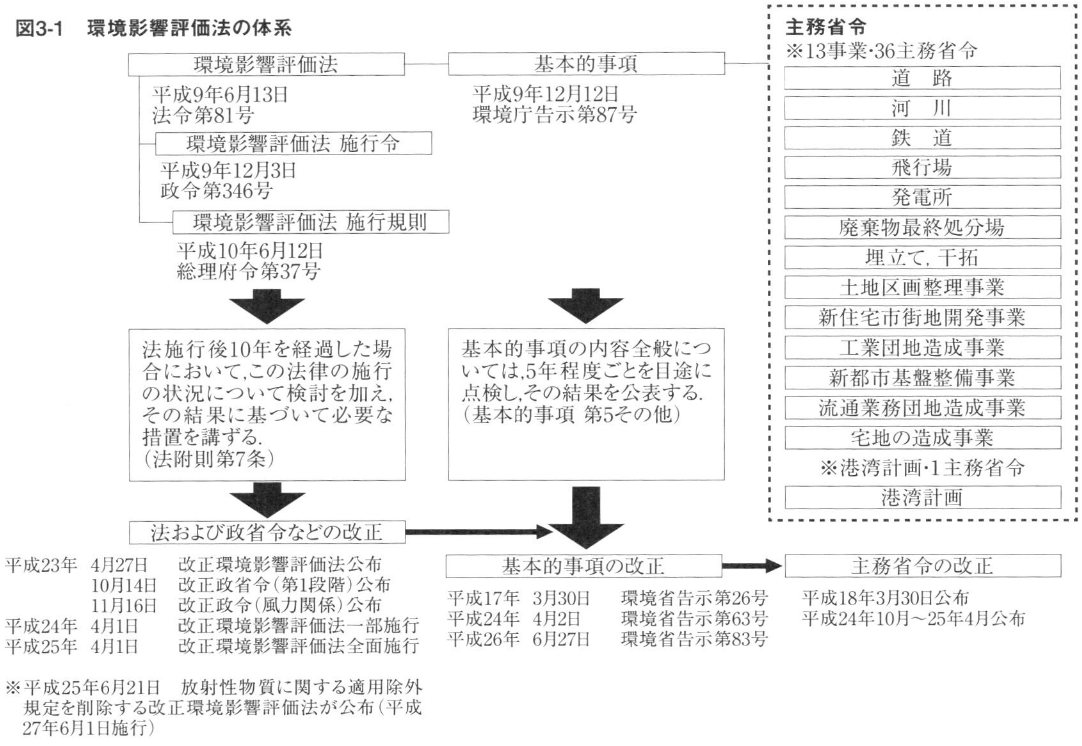

主務省令
※13事業・36主務省令

道　路
河　川
鉄　道
飛行場
発電所
廃棄物最終処分場
埋立て，干拓
土地区画整理事業
新住宅市街地開発事業
工業団地造成事業
新都市基盤整備事業
流通業務団地造成事業
宅地の造成事業

※港湾計画・1主務省令

港湾計画

環境影響評価法
平成9年6月13日
法令第81号

基本的事項
平成9年12月12日
環境庁告示第87号

環境影響評価法 施行令
平成9年12月3日
政令第346号

環境影響評価法 施行規則
平成10年6月12日
総理府令第37号

法施行後10年を経過した場合において,この法律の施行の状況について検討を加え,その結果に基づいて必要な措置を講ずる．
（法附則第7条）

基本的事項の内容全般については,5年程度ごとを目途に点検し,その結果を公表する．
（基本的事項 第5その他）

法および政省令などの改正

平成23年　4月27日　改正環境影響評価法公布
　　　　　10月14日　改正政令（第1段階）公布
　　　　　11月16日　改正政令（風力関係）公布
平成24年　4月1日　改正環境影響評価法一部施行
平成25年　4月1日　改正環境影響評価法全面施行

基本的事項の改正

平成17年　3月30日　環境省告示第26号
平成24年　4月2日　環境省告示第63号
平成26年　6月27日　環境省告示第83号

主務省令の改正

平成18年3月30日公布
平成24年10月～25年4月公布

※平成25年6月21日　放射性物質に関する適用除外規定を削除する改正環境影響評価法が公布（平成27年6月1日施行）

❷ 環境アセスメントの実施者

環境アセスメントは，対象事業を実施しようとする者が行う．これは，そもそも環境に著しい影響を及ぼすおそれのある事業を行おうとする者が，自己の責任で事業の実施に伴う環境への影響について配慮することが適当と考えられるためである．また，事業者が事業計画を作成する段階で環境影響についての調査，予測および評価並びに環境保全措置の検討を一体として行うことにより，その結果を事業計画や施工時，供用時の環境配慮などに反映しやすくなると考えられる．

❸ 対象事業

本法の対象とする事業は，規模が大きく環境影響の程度が著しいものとなるおそれがあり，かつ，法律により許認可などが必要な事業，国から補助金などが交付される事業，国・独立行政法人が自ら行う事業といった，法律上当該事業の内容の決定に環境アセスメントの結果を反映させる方途があるものについて選定し，政令で定めている．環境アセスメントは，事業者自らの責任で行うことが基本であるが，左記の方途を活用して環境アセスメントの結果を反映させ，その実施における環境配慮が確実に担保されるようにしている．

環境に及ぼす影響の大きさは，当該事業の実施場所や実施方法によるところもあり，事業の規模のみによって決まるものではない．このため，一定規模以上の事業（第1種事業）は必ず環境アセスメントを行うものとするとともに，第1種事業に準ずる規模を有する事業（第2種事業）を定め，個別の事業や地域の違いを踏まえ環境アセスメントの実施の必要性を個別に判定する仕組みを導入している．この過程を「ふるいにかける」という意味で「スクリーニング」という．

第1種事業および第2種事業の具体的な事業種や規模については政令で定められており，その概要は表3-1のとおりである．

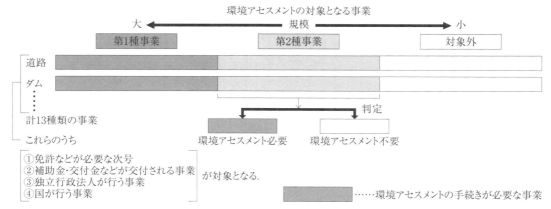

図3-2 環境影響評価法の対象となる事業

❹ 環境影響の審査

前述のとおり，法による環境アセスメントの結果については，許認可などの審査にかからしめ，実効性を担保しているが，これらの許認可などは事業を所管する立場の行政機関が行うものであり，さらに客観的，科学的に環境保全上の観点からの審査が必要となる．このため，法では，国が許認可などを行う事業に係る配慮書，評価書（発電所については準備書）および報告書について，環境保全に責任を有する環境大臣が意見を述べることができるようにしている．

第3章　国の制度／環境影響評価法の概要

表3-1　環境影響評価法の対象事業一覧

環境影響評価法の対象事業一覧

	第1種事業 （必ず環境アセスメントを 行う事業）	第2種事業 （環境アセスメントが必要かどうかを 個別に判断する事業）
1　道路		
高速自動車国道	すべて	－
首都高速道路など	4車線以上のもの	－
一般国道	4車線以上・10km以上	4車線以上・7.5km～10km
林道	幅員 6.5m以上・20km以上	幅員 6.5m以上・15km～20km
2　河川		
ダム,堰	湛水面積100ha以上	湛水面積75ha～100ha
放水路,湖沼開発	土地改変面積100ha以上	土地改変面積75ha～100ha
3　鉄道		
新幹線鉄道	すべて	－
鉄道,軌道	長さ10km以上	長さ7.5km～10km
4　飛行場	滑走路2,500m以上	滑走路1,875m～2,500m
5　発電所		
水力発電所	出力3万kW以上	出力2.25万kW～3万kW
火力発電所	出力15万kW以上	出力11.25 kW～15万kW
地熱発電所	出力1万kW以上	出力7,500 kW～1万kW
原子力発電所	すべて	－
風力発電所	出力1万kW以上	出力7,500 kW～1万kW
6　廃棄物最終処分場	面積30ha以上	面積25ha～30ha
7　埋立て,干拓	面積50ha超	面積40ha～50ha
8　土地区画整理事業	面積100ha以上	面積75ha～100ha
9　新住宅市街地開発事業	面積100ha以上	面積75ha～100ha
10　工業団地造成事業	面積100ha以上	面積75ha～100ha
11　新都市基盤整備事業	面積100ha以上	面積75ha～100ha
12　流通業務団地造成事業	面積100ha以上	面積75ha～100ha
13　宅地の造成の事業（＊1）	面積100ha以上	面積75ha～100ha

○港湾計画（＊2）	埋立て・掘込み面積の合計300ha以上

（＊1）「宅地」には,住宅地以外にも工場用地なども含まれる.
（＊2）港湾計画については,特例の手続きを実施することとなる.

❺ 手続きの流れ

　環境影響評価法の手続きは概ね，①配慮書，②第2種事業に係る判定（スクリーニング），③方法書（スコーピング），④環境影響評価の実施，⑤準備書，⑥評価書，⑦事業への反映，⑧報告書に係る手続きに分けられる（図3-3）.

①配慮書手続き（法第3条の2～第3条の10）

　「計画段階環境配慮書」（配慮書）は，事業への早期段階における環境配慮を可能にするため，第1種事業を実施しようとする者が，事業の位置・規模や施設の配置などの計画段階において，環境の保全のために適正な配慮をしなければならない事項について検討を行い，その結果をまとめたものである.

　配慮書の作成の際には，事業の位置，規模などに関する複数案の検討を行うとともに，対象事業の実施が想定される地域の生活環境，自然環境などに及ぼす影響について，地域の環境を熟知している住民その他の一般の方々，専門家，

地方公共団体などの意見を取り入れるよう努めることとされている.

配慮書は，事業所管大臣に送付されるとともに，公表される．環境大臣は必要に応じて事業所管大臣に環境の保全の見地からの意見を述べ，事業所管大臣は環境大臣の意見を踏まえて事業者に意見を述べることとなっている．第2種事業については，配慮書の作成は義務ではないが，事業者は任意で実施できる.

事業者は，作成した配慮書の内容（環境配慮の検討の経緯及びその内容に関する情報など）を方法書以降の手続きに反映させることとなっ

ている（「先行評価の活用（ティアリング）」と呼ばれている）.

配慮書の手続きは，2011年（平成23年）の法改正により導入されたものである．法改正前の環境アセスメントは，事業の枠組み（位置や規模）がほとんど決定済みの段階で行われることが多く，柔軟に環境保全措置を検討することが困難な場合があった．配慮書は，事業計画の検討段階を対象としているため，より柔軟な環境配慮が可能となり，重大な環境影響の回避・低減が効果的に図られ，その後の環境アセスメントの充実および効率化が期待できる.

②第2種事業に係る判定手続き（スクリーニング）（法第4条）

前述のとおり，第2種事業については，個別の事業や地域の違いを踏まえ環境アセスメントの実施の必要性を個別に判定する．判定は，事業の許認可権者など（許認可，補助金の交付などを行う行政機関）が，地域の状況を熟知している都道府県知事の意見を聴いた上で，判定基準に従って行う.

判定基準は，環境大臣が定める基本的事項に基づき，事業所管大臣が主務省令で定めている．具体的には，（a）事業の内容の基準としては，

工法などの実施事例が少なく環境影響の知見が十分でないため著しい環境影響が生じるおそれがあるものや，他の道路などの事業と一体となって総体として大きな環境影響が予想されるものなどがある．（b）地域の状況による基準としては，希少な野生生物の生息地周辺や自然公園など優れた自然環境を有する地域，また，大気汚染物質などの環境基準を超えている地域などがあげられる.

③方法書手続き（スコーピング）（法第5条～第10条）

「環境影響評価方法書」（方法書）は，対象事業に係る環境アセスメントにおいて，どのような項目について，どのような方法で調査・予測・評価をしていくのかという計画を示したものである．地域に応じた環境アセスメントを行うことが必要であるため，その項目や方法を確定するにあたっては，方法書を公表し，地域の環境を熟知している住民その他の一般の方々や，地方公共団体などの意見を聴く手続きを設けている．この一連の手続きを，項目および手法を「絞り込む」という意味で「スコーピング」という．スコーピングにより，調査の手戻りを防ぎ，効率的な環境アセスメントを実施することが可能となる.

具体的には，事業者は，方法書を作成し，都道府県知事と市町村長に送付する．事業者は，方法書を作成したことを公告・縦覧するとともに，方法書の内容についての理解を深めるため

に説明会を開催し，環境の保全の見地からの意見のある者は誰でも意見書を提出することができる．事業者は，提出された意見の概要を都道府県知事と市町村長に送付する．その後，都道府県知事などは，市町村長や一般の方々から提出された意見を踏まえて事業者に意見を述べる.

事業者は必要に応じて主務大臣へ技術的助言を申し出ることができ，主務大臣が助言をする際には，あらかじめ環境大臣の意見を聴くこととなっている．ただし，発電所については特例として，事業者の意向にかかわらず経済産業大臣は方法書に対して審査し，勧告することができる.

調査・予測・評価の対象となる環境要素については，環境省から事業者の参考となる項目を示している．具体的には，大気環境（大気質，騒音など），水環境（水質，底質など），土壌環境など（地形・地質，地盤など），動植物・生態系，景観・自然との触れ合い活動の場，廃棄物，温

室効果ガス，放射線などの区分を掲げ，影響要因として工事によるものか，施設の存在や供用によるものかを区分して，環境アセスメントの項目を選定することとしている．

④環境影響評価の実施（法第11条〜第13条）

　事業者は，スコーピングの手続きによる意見を踏まえ，環境アセスメントの項目や方法を決定し，これに基づいて，環境アセスメントを実施する．環境アセスメントは，(a) 地域の環境情報を収集するための「調査」，(b) その環境が事業を実施した結果どのように変化するのかの「予測」，(c) 事業を実施した場合の環境への影響の「評価」から成り，並行して環境保全のための対策を検討し，これらの対策がとられた場合における環境影響を総合的に評価する．

　評価にあたっては，一定の基準を満たすのみならず，実行可能なより良い対策を採用し，環境影響を可能な限り回避，低減するという「ベスト追求型」の考え方を求めている．

　環境保全対策としては，環境影響を「回避」することに努め，それが実施困難な場合でもできるだけ「低減」すべく検討される．回避または低減を優先的に検討してもなお環境保全措置が必要な場合には，その事業の実施により損なわれる環境要素と同種の環境要素を創出するなどの「代償」措置も検討することとしている．

⑤準備書手続き（法第14条〜第20条）

　事業者は，環境アセスメントを実施した後，調査・予測・評価・環境保全対策の検討の結果を示し，環境の保全に関する事業者自らの考え方を取りまとめた「環境影響評価準備書」（準備書）を作成し，都道府県知事と市町村長に送付するとともに，準備書を作成したことを公告・縦覧する．また，方法書と同様に縦覧期間中に準備書の内容についての説明会を開催し，環境の保全の見地からの意見のある者は誰でも意見書を提出することができる．事業者は，提出された意見の概要と意見に対する見解を都道府県知事と市町村長に送付する．その後，都道府県知事などは，市町村長や一般の方々から提出された意見を踏まえて事業者に意見を述べる．

⑥評価書手続き（法第21条〜第30条）

　「環境影響評価書」（評価書）は，事業者が準備書に対する地域の意見の内容を検討し，必要に応じて準備書の内容を見直した上で，環境アセスメントを実施した結果としてとりまとめたものである．評価書は，事業の許認可権者などと環境大臣に送付され，環境大臣は必要に応じて事業の許認可権者などに環境の保全の見地からの意見を述べ，事業の許認可権者などは環境大臣の意見を踏まえて事業者に意見を述べる．

事業者は，意見の内容を十分に検討し，必要に応じて評価書を修正した上で，最終的に評価書を確定し，事業の許認可権者などや都道府県知事，市町村長に送付する．また，評価書を確定したことを公告や縦覧により広く周知する．

　なお，発電所については特例として，経済産業大臣が環境大臣の意見を聴いて事業者に勧告をするのは準備書に対してであり，評価書に対しては変更命令をかけることも可能としている．

⑦評価結果の事業への反映（法第31条〜第38条）

　事業者は，評価書を確定したことを公告するまでは事業を実施することはできず，評価結果の事業への反映を担保している．また，事業の許認可権者などは，対象事業の免許などの審査にあたり，評価書および評価書に対して述べた意見に基づき，対象事業が環境の保全について適切な配慮がなされたものであるかどうかを審査し，その結果を許認可などに反映させる．環境の保全についての審査の結果と許認可などの審査の結果を併せて判断し，許認可などを拒否したり，条件を付けることができる．

　また，事業者は，評価書に記載されているところにより，環境の保全について適正な配慮をして事業を実施しなければならない．

図3-3 環境影響評価法の手続きの流れ

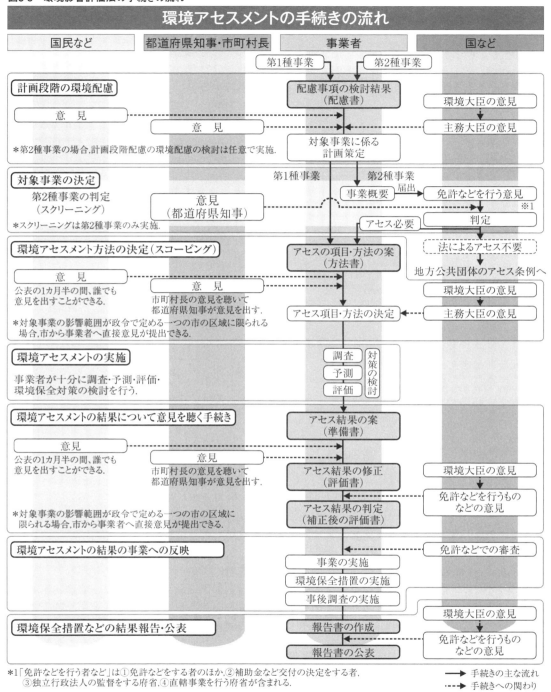

*1「免許などを行う者など」は①免許などをする者のほか，②補助金など交付の決定をする者，③独立行政法人の監督をする府省，④直轄事業を行う府省が含まれる．

⑧報告書手続き（法第38の2〜第38条の5）

　報告書は，評価書の手続きが終わり，基本的に工事を完了した段階において，事業者が事後調査（工事中および供用後の環境の状況などを把握するための調査）の結果やそれにより判明した環境の状況に応じて講ずる環境保全措置，評価書に記載した環境保全措置のうち効果が不確実なものの実施結果などを取りまとめ，報告・公表するものである．報告書は，許認可権者な

第3章　国の制度／環境影響評価法の概要

どに送付され，許認可権者は環境大臣の意見を踏まえて，事業者に意見を述べることができることとなっている（ただし，発電所については特例として，報告書は公表のみ）．

事後調査の必要性については，環境影響の予測の不確実性が高い場合や当該環境保全措置の実績が少ない場合など，環境への影響の重大性

に応じて検討し，報告書に記載される．

報告書に係る手続きを行うことにより，環境アセスメント後の環境配慮の実効性を担保し，住民などからの信頼性や環境影響評価制度自体の信頼性の確保につながるとともに，予測・評価技術の向上にも資するものとなる．

❻ 環境影響評価法手続きに係る特例

①事業が都市計画に定められる場合

対象事業が市街地開発事業として都市計画に定められる場合または対象事業に係る施設が都市施設として都市計画に定められる場合には，当該都市計画の決定または変更をする都道府県，市町村などの「都市計画決定権者」が，事

業者に代わるものとして，当該対象事業についての環境アセスメント手続きを行うこととしている．環境アセスメントの手続きは都市計画を定める手続きと併せて行われ，環境アセスメントの結果は都市計画にも反映される．

②港湾計画の場合

港湾法に規定する国際戦略港湾などに係る港湾計画に定められる港湾の開発，利用および保全並びに港湾に隣接する地域の保全が環境に及ぼす影響について，港湾管理者が環境影響評価手続きを行うこととしている．港湾計画特例は，埋立てな

どの個別事業の上位に位置する計画についての環境影響評価であり，いわゆる「計画アセスメント」的側面を持つものである．このため，計画段階配慮書の手続きなどは行われない．

③発電所の場合

環境影響評価法の制定にあたり，発電所については，環境影響評価法の手続きに加えて，電気事業法を改正し，手続きの各段階で国が関与する特例を設けることとした．こうした形式により発電所の特例の大半は電気事業法において規定されているが，特例部分以外は環境影響評

価法の一般則に従い環境アセスメントが行われる．具体的には，環境影響評価法の手続きに加え，方法書および準備書に対して経済産業大臣の勧告などがあり，環境影響評価書に従っているものであることを工事計画の認可の要件としている．

④災害からの復旧・復興に関する特例

被災地域での迅速な復興を図るため，災害復旧事業として復旧計画に位置づけられる発電所設置事業と被災市街地復興推進地域における土地区画整理事業について，環境影響評価法第52条第2項の規定に基づく同法の適用除外とすることを確認した．東日本大震災ではこの適用除外が適用されたが，自主的な環境配慮の取り組みが行われた．さらに，東日本大震災においては，適用除外規定ではカバーしきれない事業

であって，復興特区法において復興整備計画に位置付けられる事業について，環境影響評価法の対象事業となる土地区画整理事業と鉄道・軌道の建設・改良事業に関しては，方法書，準備書，評価書の手続きを特定評価書に一本化することや，現地調査を必須とせず既存の資料の活用により評価を行うことを可能としている．また，地方公共団体への意見聴取と環境大臣の意見提出の検討を並行して実施し，審査期間の短縮化を図っている．

3. 環境影響評価法の施行状況

　1999年（平成11年）の法施行以降，平成29年度末までに手続きが実施された案件は447件（うち手続きが完了したものは221件）である．案件の近年の傾向としては，公共事業の件数が減り，発電所事業の割合が大きいことがあげられる（平成29年度においては，環境大臣意見提出対象事業66件中，発電所事業が63件）．とりわけ，2012年（平成24年）から風力発電事業が法対象事業に追加され，その件数が多数を占める．風力発電は，再生可能エネルギーの一つとして，地球温暖化防止の観点から導入拡大が求められ，固定価格買取制度の導入と相まって多くの建設計画が立てられている．一方で，立地場所や規模によっては，騒音による生活環境保全上の支障や自然景観への影響，希少鳥類の衝突死や生息域の悪化などの環境問題が生じる場合がある．このため，一定規模以上のものを対象に環境アセスメントを行うこととしたものである．ただし，環境保全と両立した再生可能エネルギーの円滑な導入促進の観点から，一層の手続きの効率化を図ることとし，地方公共団体と国の関与の並行化による審査期間の短縮，国による環境情報の整備・提供や前倒し環境調査の促進などによる調査期間の短縮に努めている．

　また，東日本大震災の影響などにより，火力発電事業の新増設の需要が高まり，これらの案件も増えている．特に石炭火力発電については温室効果ガスの排出の増加が懸念されることから，事業実施の再検討を含めあらゆる選択肢を検討すべきことや，それでもなお事業を実施する場合には，更なる排出削減を実現する見通しをもって，所有する低効率の火力発電所の休廃止・稼働抑制などの措置を計画的に実施することなど，環境アセスメントの中でも厳しい環境大臣意見が続いているところである．

第4章 地方公共団体の制度の概要

　国の取り組みにあわせて，都道府県および政令指定都市などの地方公共団体でも独自に環境アセスメントに関する条例や要綱などを定めている．地方公共団体の環境アセスメント制度は，それぞれに地域の特色を反映しながら策定されている．本章では，対象事業，環境要素，手続きなど，地方公共団体のアセス制度の特長について概説する．

1. 地方公共団体の取り組みの歴史

　わが国の環境アセスメントは，国の取り組みにあわせて，都道府県および政令指定都市などの地方公共団体が独自に環境アセスメントに関する条例や要綱などを定めて運用することにより，同制度が定着・充実してきたことが，特徴の一つといえる．

　地方公共団体では，1972（昭和47）年の閣議了解により公共事業での環境アセスメントが導入されたのをうけて環境アセスメントの制度化の動きが始まった．1973（昭和48）年には福岡県が「開発事業に関する環境保全対策要綱」を定めたのをはじめとして，1975（昭和50）年に栃木県，1976（昭和51）年に山口県および宮城県で事業者に環境アセスメントの実施を求める制度を定めている．しかしながら，当時のこれらのアセス制度は，市民参加に関する規定が十分とはいえないものであった．

　1976（昭和51）年10月に全国で初めて川崎市が「川崎市環境影響評価に関する条例」を制定し，市民参加の規定を含んだ本格的なアセス制度が始まった．同条例は対象事業に1ha以上の開発行為を含めるとともに環境影響評価項目に「安全」が入るなど，当時としては画期的な制度であった．その後1979（昭和54）年には北海道（北海道環境影響評価条例），1981（昭和56）年には神奈川県（神奈川県環境影響評価条例）および東京都（東京都環境影響評価条例）で「条例」によるアセス制度が広まっていった．

　一方でこのように「条例」により環境アセスメントの制度化を図った自治体とは別に，「要綱」などにより環境アセスメントの制度化を図った地方公共団体も存在した．岡山県・神戸市（1978（昭和53）年），三重県・兵庫県・名古屋市（1979（昭和54）年），滋賀県・長崎県・横浜市（1980（昭和55）年），埼玉県・千葉県（1981（昭和56）年），茨城県・広島県・香川県（1983（昭和58）年），長野県・大阪府（1984（昭和59）年）などである．また，都道府県・政令指定都市以外の市区町村でも大阪府八尾市や兵庫県尼崎市（1979（昭和54）年）などで環境アセスメントの制度化を図る地方公共団体があった．

　地方公共団体の環境アセスメントの制度化の動きは，閣議アセスが運用され始めた1985（昭和60）年以降は大きな動きはなかったが，1990（平成2）～91（平成3）年頃から再び要綱などにより制度化を図る地方公共団体が増加するようになった．その背景には，バブル景気に伴うゴルフ場開発などの大規模開発事業の急激な増加があり，1990（平成2）年には富山県・山梨県・山口県，1991（平成3）年には福島県・栃木県・群馬県・新潟県・鳥取県・島根県・鹿児島県，1992（平成4）年には山形県・福井県・和歌山県・宮崎県・千葉市などで相次いで制度化されている．なお，青森県・岩手県・石川県・岐阜県・大分県などのように，ゴルフ場開発事業のみを対象とした環境アセスメント要綱などを定めて運用するような地方公共団体もあった．

　こうした動きを経て，環境影響評価法が制定

第4章　地方公共団体の制度の概要

された1997(平成9)年頃までには，わが国のほとんどの都道府県および政令指定都市で条例ないし要綱などによる環境アセスメントの制度が導入された．

その後，1999年（平成11年）の環境影響評価法の全面施行，同法施行後10年を経た法制度の見直し検討に伴う2011年（平成23年）の環境影響評価法の改正を受けて，各地方公共団体では，条例の改正や新制度化が進められ，平成29年5月1日時点では，表4-1に示すとおり全47都道府県および20政令指定都市中18市が条例を運用している．

表4-1　都道府県及び政令指定都市の条例制度一覧（平成29年5月1日時点）

	自治体	環境影響評価条例	制定日	改正		自治体	環境影響評価条例	制定日	改正
1	北海道	北海道環境影響評価条例	H10.10	H28.3	35	山口県	山口県環境影響評価条例	H10.12	H25.3
2	青森県	青森県環境影響評価条例	H11.12	H27.10	36	徳島県	徳島県環境影響評価条例	H12.3	H27.3
3	岩手県	岩手県環境影響評価条例	H10.7	H26.3	37	香川県	香川県環境影響評価条例	H11.3	H25.3
4	宮城県	宮城県環境影響評価条例	H10.3	H24.12	38	愛媛県	愛媛県環境影響評価条例	H11.3	H24.10
5	秋田県	秋田県環境影響評価条例	H12.7	H27.3	39	高知県	高知県環境影響評価条例	H11.3	H25.12
6	山形県	山形県環境影響評価条例	H11.7	H27.3	40	福岡県	福岡県環境影響評価条例	H10.12	H25.3
7	福島県	福島県環境影響評価条例	H10.12	H24.12	41	佐賀県	佐賀県環境影響評価条例	H11.7	H28.3
8	東京都	東京都環境影響評価条例	S55.10	H25.3	42	長崎県	長崎県環境影響評価条例	H11.10	H27.10
9	神奈川県	神奈川県環境影響評価条例	S55.10	H26.3	43	熊本県	熊本県環境影響評価条例	H12.6	H26.12
10	埼玉県	埼玉県環境影響評価条例	H6.12	H27.10	44	大分県	大分県環境影響評価条例	H11.3	H29.3
11	千葉県	千葉県環境影響評価条例	H10.6	H25.3	45	宮崎県	宮崎県環境影響評価条例	H12.3	H26.7
12	茨城県	茨城県環境影響評価条例	H11.3	H24.10	46	鹿児島	鹿児島県環境影響評価条例	H12.3	H25.3
13	栃木県	栃木県環境影響評価条例	H11.3	H25.10	47	沖縄県	沖縄県環境影響評価条例	H12.12	H25.3
14	群馬県	群馬県環境影響評価条例	H11.3	H25.3	48	札幌市	札幌市環境影響評価条例	H11.12	H28.6
15	山梨県	山梨県環境影響評価条例	H10.3	H26.3	49	仙台市	仙台市環境影響評価条例	H10.12	H24.12
16	新潟県	新潟県環境影響評価条例	H11.10	H27.3	50	さいたま市	さいたま市環境影響評価条例	H15.3	H28.10
17	長野県	長野県環境影響評価条例	H10.3	H27.10	51	千葉市	千葉市環境影響評価条例	H10.9	H26.3
18	富山県	富山県環境影響評価条例	H11.6	H20.9	52	横浜市	横浜市環境影響評価条例	H22.12	H24.12
19	石川県	ふるさと石川の環境を守り育てる条例	H16.3	H24.3	53	川崎市	川崎市環境影響評価に関する条例	H11.12	H24.12
20	福井県	福井県環境影響評価条例	H11.3	H24.12	54	相模原市	相模原市環境影響評価条例	H26.7	H26.12
21	愛知県	愛知県環境影響評価条例	H10.12	H24.7	55	新潟市	新潟市環境影響評価条例	H21.3	H28.3
22	岐阜県	岐阜県環境影響評価条例	H7.3	H24.12	56	静岡市	静岡市環境影響評価条	H27.3	ー
23	静岡県	静岡県環境影響評価条例	H11.3	H26.12	57	浜松市	浜松市環境影響評価条例	H28.3	ー
24	三重県	三重県環境影響評価条例	H10.12	H28.3	58	名古屋市	名古屋市環境影響評価条例	H10.12	H24.10
25	大阪府	大阪府環境影響評価条例	H10.3	H25.3	59	京都市	京都市環境影響評価等に関する条例	H10.12	H25.1
26	兵庫県	兵庫県環境影響評価条例	H9.3	H27.6	60	大阪市	大阪市環境影響評価条例	H10.4	H24.2
27	京都府	京都府環境影響評価条例	H10.10	H25.12	61	堺市	堺市環境影響評価条例	H18.12	H24.9
28	滋賀県	滋賀県環境影響評価条例	H10.12	H25.3	62	神戸市	神戸市環境影響評価等に関する条例	H9.10	H25.4
29	奈良県	奈良県環境影響評価条例	H10.12	H25.10	63	岡山市	（未制定）	ー	ー
30	和歌山県	和歌山県環境影響評価条例	H12.3	H24.12	64	広島市	広島市環境影響評価条例	H11.3	H27.3
31	鳥取県	鳥取県環境影響評価条例	H10.12	H25.3	65	北九州	北九州市環境影響評価条例	H10.3	H25.6
32	島根県	島根県環境影響評価条例	H11.10	H24.10	66	福岡市	福岡市環境影響評価条例	H10.3	H25.7
33	岡山県	岡山県環境影響評価等に関する条例	H11.3	H20.9	67	熊本市	（未制定）	ー	ー
34	広島県	広島県環境影響評価に関する条例	H10.10	H24.12					

55

2. 地方公共団体の制度の概要

❶ 対象事業

　環境影響評価法では，「第2部　第3章　国の制度／環境影響評価法の概要」にもあるとおり，規模が大きく，公共性の高い事業が対象事業となっている．一方で地方公共団体の条例では，表4-2に示すとおり，地域の実情を勘案した独自の対象事業を定めている．

　条例独自の対象事業としては，エネルギー供給事業関連では，「ガス製造所」，「石油パイプライン」「石油貯蔵所」，「太陽光発電施設」，建設事業関連では「工場」，「研究施設」，「住宅団地」，「高層建築物」，「大規模建築物」，「リゾートマンション」，「商業施設」，「自動車駐車場」，「市街地再開発事業」，「卸売市場」，「ふ頭」，「複合開発事業」，「終末処理場」，「廃棄物焼却等施設」，「畜産施設」などが対象となっている．なお，畜産施設については養豚場・豚房施設など対象を限定している地方公共団体もあり，より地域の事情を勘案した特徴ある制度運用が見受けられる．

　造成関連では，「開発行為」，「レクリエーション施設」，「公園」，「自動車テストコース」，「農用地」，「墓地・墓園」，その他として「土石の採取」などがある．

　また，地域の特性に合わせて特に環境に配慮すべき地域などを区分して，対象事業の規模要件を変えている地方公共団体もある．

表4-2　条例独自の対象事業

	対象事業
エネルギー供給関連	ガス製造所,石油パイプライン,石油貯蔵所,太陽光発電施設
建設事業関連	工場,研究施設,住宅団地,高層建築物,大規模建築物,リゾートマンション,商業施設,自動車駐車場,市街地再開発事業,卸売市場,ふ頭,複合開発事業,終末処理場,廃棄物焼却等施設,畜産施設
造成事業関連	開発行為,レクリエーション施設,公園,自動車テストコース,農用地,墓地・墓園
その他	土石の採取

❷ 環境の要素

　環境影響評価法で対象となる環境の要素を表4-3に都道府県および政令指定都市の環境の要素（平成19年12月時点）を表4-4に示す．

　対象事業と同様に地域の特性やそれらを踏まえた独自な環境保全の観点など様々な事情を勘案して，環境影響評価法にはない環境の要素が考慮されている．特に，地域の歴史的資産を保全する観点から「歴史的・文化的環境項目」を多くの地方公共団体で対象としている．また，環境影響評価法では，その他として取り扱う項目であるが，条例独自の対象事業である高層建築物などの大規模建築物に関わる環境の要素として「風害」，「電波障害」，「日照阻害」などを対象としている．

表4-3　環境影響評価法で環境アセスメントの対象となる環境の要素

環境の自然的構成要素の良好な状態の保持		
大気環境	水環境	土壌環境・その他の環境
・大気質 ・騒音 ・振動 ・悪臭 ・その他	・水質 ・底質 ・地下水 ・その他	・地形,地質 ・地盤 ・土壌 ・その他
生物の多様性の確保及び自然環境の体系的保全		
植物	動物	生態系
人と自然との豊かな触れ合い		
景観	触れ合い活動の場	
環境への負荷		
廃棄物等	温室効果ガス等	

出典:「環境アセスメントガイド(環境影響評価情報支援ネットワーク)」

表4-4　都道府県及び政令指定都市の条例対象環境の要素

地方公共団体名	大気環境 大気質	騒音	低周波空気振動/低周波音	振動	悪臭	気象	風害/局地風	ヒートアイランド現象	電波障害/電磁波	電磁界/電磁波	水環境 水質	底質	地下水	水象/水環境	河川の変化	海況の変化	流向・流速	潮流	水温/温海水	温泉/水利用	雨水排水	水生生物	土壌環境 地形・地質	土地の安定性	土砂流出	地盤/地盤沈下	土壌/土壌汚染	自然環境 植物	動物	生態系	樹林地/緑の量	触れ合い 景観	触れ合い活動の場	野外レクリエーション地	身近な自然	快適な生活環境 日照阻害	光害	コミュニティ施設	集落消失	地域分断	環境他 地域交通・交通安全	安全性	地震などの自然災害
北海道	●	●	●	●	●				●		●	●	●				●					●				●	●	●	●	●	●	●	●	●	●	●		●					
青森県	●	●		●	●		●		●		●	●	●	●								●		陸生/水生		●		●	●		●	●	●		●			●					
岩手県	●	●		●	●				●		●	●	●									●				●	●	●	●	●		●											
宮城県	●	●		●	●						●	●	●		●							●				●	●	●	●	●	●	●											
秋田県	●	●		●	●						●	●	●									●				●	●	●	●		●	●	●										
山形県	●	●		●	●						●	●	●									●				●	●	●	●	●	●	●									●		
福島県	●	●		●	●						●	●	●				●					●				●	●	●	●	●	●	●											
茨城県	●	●		●	●	●					●	●	●					●				●				●	●	●	●		●	●											
栃木県	●	●		●	●				●		●	●	●									●				●	●	●	●		●	●											
群馬県	●	●		●	●						●	●	●		●							●				●	●	●	●	●	●	●					●						
埼玉県	●	●		●	●	●		●	●		●	●	●						●			●	地表	●		●	●	●	●	●	●	●											
千葉県	●	●		●	●	●		●	●		●	●	●									●	陸生/水生			●	●	●	●	●	●	●											
東京都	●	●		●	●				●		●	●	●									●				●	●	●	●	●	●	●											
神奈川県	●	●		●	●		●		●	◇	●	●	●									●	地表			●	●	●	●	●	●	●				◇			●	●	●	◇	
新潟県	●	●	●	●	●				●		●	●	●	●	●	●	●		●		●	●				●	●	●	●	●	●	●											
富山県	●	●	●	●	●				●		●	●	●	●	●	●	●		●		●	●				●	●	●	●	●	●	●											
石川県	●	●	●	●	●						●	●	●						●			●				●	●	●	●	●	●	●											
福井県	●	●	●	●	●						●	●	●									●				●	●	●	●	●	●	●											
山梨県	●	●		●	●						●	●	●									●				●	●	●	●	●	●	●											
長野県	●	●		●	●						●	●	●						●	●		●				●	●	●	●	●	●	●											
岐阜県	●	●		●	●		●				●	●	●									●				●	●	●	●	●	●	●											
静岡県	●	●	●	●	●				●		●	●	●	●	●	●			●			●				●	●	●	●	●	●	●											
愛知県	●	●		●	●						●	●	●			●			●			●				●	●	●	●	●	●	●											
三重県	●	●		●	●				●		●	●	●						●			●		陸生/水生		●	●	●	●	●	●	●											
滋賀県	●	●		●	●						●	●	●									●				●	●	●	●	●	●	●											
京都府	●	●		●	●						●	●	●			●						●				●	●	●	●	●	●	●											
大阪府	●	●		●	●				●		●	●	●		◇	◇	◇					●	地表			●	●	●	●	陸域/海域	●	●											
兵庫県	●	●		●	●						●	●	●									●				●	●	●	●	●	●	●											
奈良県	●	●		●	●						●	●	●									●				●	●	●	●	●	●	●											
和歌山県	●	●		●	●						●	●	●									●				●	●	●	●	●	●	●											
鳥取県	●	●		●	●						●	●	●									●				●	●	●	●		●	●											
島根県	●	●		●	●						●	●	●									●				●	●	●	●		●	●											
岡山県	●	●		●	●		●				●	●	●									●				●	●	●	●	●	●	●					●	●					
広島県	●	●	●	●	●						●	●	●	●	●				●			●				●	●	●	●	●	●	●											
山口県	●	●		●	●						●	●	●									●				●	●	●	●		●	●											
徳島県	●	●		●	●						●	●	●		●		●					●				●	●	●	●	●	●	●											
香川県	●	●		●	●						●	●	●		●	●	●					●				●	●	●	●	●	●	●											
愛媛県	●	●	●	●	●				●		●	●	●		●		●					●				●	●	●	●	●	●	●					●	●					
高知県	●	●	●	●	●						●	●	●		●		●					●				●	●	●	●	●	●	●					●	●					
福岡県	●	●		●	●						●	●	●									●				●	●	●	●	●	●	●											
佐賀県	●	●		●	●						●	●	●									●				●	●	●	●		●	●											
長崎県	●	●		●	●		●				●	●	●		●							●				●	●	●	●	●	●	●											
熊本県	●	●		●	●						●	●	●									●				●	●	●	●	●	●	●											
大分県	●	●		●	●						●	●	●									●				●	●	●	●	●	●	●											
宮崎県	●	●		●	●						●	●	●									●				●	●	●	●	●	●	●											
鹿児島県	●	●		●	●						●	●	●									●				●	●	●	●	●	●	●											
沖縄県	●	●		●	●				●		●	●	●		●	●	●					●				●	●	●	●	陸域/海域	●	●											
札幌市	●	●		●	●						●	●	●									●				●	●	●	●	●	●	●	●	●	●								
仙台市	●	●		●	●						●	●	●									●				●	●	●	●	●	●	●											
さいたま市	●	●	●	●	●				●		●	●	●									●	地象			●	●	●	●	●	●	●					●			●	●	
千葉市	●	●		●	●	◇		●	●		●	●	●									●				●	●	●	●	●	●	●											
横浜市	●	●		●	●		●	◇	●		●	◇	●									●		陸生/水生		●	●	●	●	●	●	●				◇		●				◇	◇
川崎市	●	●		●	●		●	◇	●		●	●	●									●				●	●	●	●	●	●	●				◇		●				◇	◇
名古屋市	●	●		●	●						●	●	●									●				●	●	●	●	●	●	●											
京都市	●	●		●	●						●	●	●									●				●	●	●	●	●	●	●											
大阪市	●	●	●	●	●			◇	●		●	●	●									●	地象			●	●	●	●	●	●	●								◇			
堺市	●	●	●	●	●				●		●	●	●									●	地象			●	●	●	●	陸域/海域	●	●											
神戸市	●	●		●	●						●	●	●									●				●	●	●	●	●	●	●											
広島市	●	●	●	●	●						●	●	●	●	●				●			●				●	●	●	●	●	●	●											
北九州市	●	●	●	●	●						●	●	●									●				●	●	●	●	●	●	●											
福岡市	●	●		●	●						●	●	●									●				●	●	●	●	●	●	●											

地方公共団体名	名称	定義
神奈川県	配慮事項	対象事業の実施に際して配慮すべき事項
静岡県	配慮項目	事業特性および地域特性を考慮し,事業実施に当たっての環境の保全のために配慮すべき項目
大阪府	環境配慮項目	事業計画の策定にあたって環境保全上の見地から配慮の対象とする項目
横浜市	環境影響配慮項目	環境影響の評価などの方法が確立されていないが地域における環境の保全の見地から配慮を要する事項,地球環境保全の見地から配慮を要する事項
川崎市	環境配慮項目	環境影響評価の手法が確立されていないが,地域環境の保全の見地から配慮を要する項目および地球環境の保全の見地から配慮を要する項目
大阪市	環境配慮項目	事業計画の策定にあたって環境保全上の見地から配慮の対象とする項目
堺市	環境配慮項目	対象事業に係る計画を策定するにあたり,環境の保全について事前に配慮すべき事項

表4-4 都道府県及び政令指定都市の条例対象環境の要素（つづき）

地方公共団体名	廃棄物など／発生土	温室効果ガスなど／地球環境	エネルギー使用	大気・水質負荷	温室効果ガス／地球温暖化	オゾン層破壊物質	その他化学物質	バイオハザード	酸性雨	熱帯林減少	歴史的文化的景観・町並み	歴史的文化財／歴史的文化環境	史跡・文化財／埋蔵文化財包蔵地	伝承文化／伝統文化
北海道	●			●										○
青森県	●	●										●		
岩手県	●													
宮城県	●	●												
秋田県														
山形県												●		
福島県														
茨城県	●											●		
栃木県														
群馬県	●		●	●	●							●		
埼玉県	●													
千葉県	●													
東京都														
神奈川県	●		◇	◇	◇	◇	◇							
新潟県														
富山県														
石川県	●			●										
福井県														
山梨県			●											
長野県									●		●			
岐阜県	●				●									
静岡県														
愛知県	●	●									●	●		●
三重県	●	●												
滋賀県	●	●									●			
京都府	●	●									●			
大阪府	●			●	●						●			
兵庫県	●	●									●	●		
奈良県	●										●			
和歌山県														
鳥取県				●										
島根県														
岡山県												●		
広島県	●											●		
山口県														
徳島県														
香川県				●	●									
愛媛県														
高知県														
福岡県							●							
佐賀県	●			●										
長崎県														
熊本県	●											●		
大分県	●													
宮崎県	●										●			
鹿児島県														
沖縄県	●			●										
札幌市														
仙台市	●													
さいたま市	●													
千葉市	●			●										
横浜市	●	◇		◇	◇		●							
川崎市	●		◇	●										
名古屋市	●	●												
京都市	●	●												
大阪市	●			◇										
堺市														
神戸市	●			●	●									
広島市	●	●												
北九州市	●	●												
福岡市	●	●												

[凡例] ●：環境評価の対象としている環境要素（環境影響評価項目）
◇：各地方公共団体での定義は以下の通り

注1）分類の都合上，各地方公共団体の技術指針が定めている環境要素の項目数は表中の●の合計と一致しない．
注2）環境影響評価項目と環境配慮項目が重複する場合は，環境影響評価項目●で代表した．
出典：平成19年度環境影響評価法施行状況等調査業務報告書（H20.3社団法人日本環境アセスメント協会）

❸ 手続き

先に示したとおり地方公共団体の環境アセスメント制度（条例アセス制度）は，1976年（昭和51年）に住民関与を含む本格的な制度として川崎市が環境アセスメントに関する条例を制定したのをはじめとして，各地方公共団体において独自の条例アセス制度を制定するようになり，環境影響評価法とは異なる背景をもつ．環境影響評価法が制定された1997年（平成9年）頃までには，ほとんどの地方公共団体で条例アセス制度が制定された．

1999年（平成11年）の環境影響評価法の全面施行，更には，2011年（平成23年）の大規模な環境影響評価法の改正を受け，各地方公共団体では，法に準じた方向で新制度化，改正が行われてきたが，配慮書説明会の開催，方法書における住民意見の見解提出，評価書の知事（市長）意見の再提出および評価書（補正）の提出，追跡調査報告書での住民および知事（市長）意見の提出など，意見関与などをより進めた独自な規定，取り組みを設けている自治体がある．これは，透明性，客観性の確保の観点から，より充実した意見聴取を行い，その意見に対する説明責任を果たすとともに，意見を的確に反映させることで，より合意形成に配慮した取り組みである．

表4-5 地方公共団体の配慮書制度

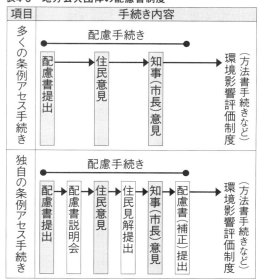

また，公聴会の開催や，知事（市長）意見の形成にあたっての環境影響評価審査会などの開催も，地方公共団体の条例アセス制度の特徴といえる．

①配慮書制度の特徴

2011年（平成23年）の環境影響評価法の改正により新設された配慮書制度は，多くの地方公共団体では，環境影響評価法に準じた手続きを制度化しており，配慮書の提出・公表後に，住民意見，知事（市長）意見を聴取し，その意見を踏まえ，環境影響評価制度に進む手続きとしている．

一方，独自な手続きとしては，効果的な意見聴取，住民意見に対する説明責任の観点から，配慮書説明会の開催，住民意見に対する見解の提出，また，住民，知事（市長）意見を踏まえ，最終的な配慮書（補正）を作成，提出する手続きを設けている地方公共団体がある．（表4-5）

②環境影響評価制度の特徴

環境影響評価制度（方法書手続き，準備書手続き，評価書手続き）は，多くの地方公共団体では，環境影響評価法に準じた制度であり，説明会の開催，住民意見，知事（市長）意見の聴取を行い，その意見を踏まえ，方法書，準備書，評価書のアセス図書を作成する制度としている．

一方，独自な手続きとしては，方法書手続き段階での住民意見に対する見解の提出，評価書後の知事（市長）意見の提出や，その意見を踏まえた評価書（補正）を作成，提出する手続きを設けている地方公共団体がある．（表4-6）．

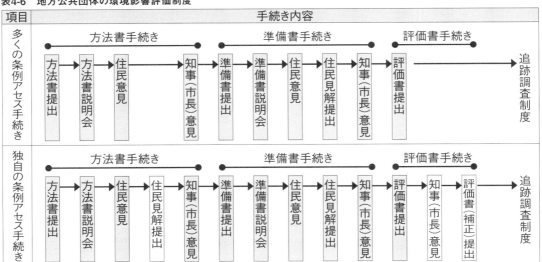

表4-6 地方公共団体の環境影響評価制度

③追跡調査制度の特徴

2011年（平成23年）の環境影響評価法の改正により義務化された報告書手続きに該当する追跡調査制度は，条例アセス制度では，環境影響評価法の改正前から制度化している．多くの地方公共団体では，環境影響評価法に準じた制度であり，追跡調査結果を報告書として提出し，必要に応じて知事（市長）により措置を要求できる制度としている．

一方，条例アセス制度の独自な取り組みとしては，追跡調査計画手続きを制度化している地方公共団体がある．これは，準備書，評価書で追跡調査の内容を明らかにする一方で，追跡調査計画書の提出を制度化したものであり，より具体的な計画を立案し，適切に追跡調査を実

施していく取り組みである．この追跡調査計画書の段階において，知事（市長）意見の提出を制度化している地方公共団体もある．また，追跡調査結果の報告の手続きとして，報告書の提出後に，住民意見の提出，知事（市長）意見の提出を制度化している地方公共団体がある．なお，報告書における知事（市長）意見の提出は，多くの地方公共団体では，追跡調査結果の報告後に，必要に応じて知事（市長）により措置を要求できる制度があるため，補完できているものである．（表4-7）

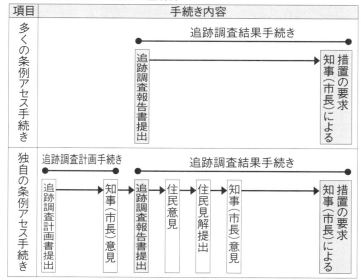

表4-7 地方公共団体の追跡調査制度

❹ 環境影響評価法改正に伴う条例改正の状況

先に示した2011年（平成23年）の大規模な環境影響評価法の改正を受け，多くの地方公共団体で条例アセス制度を改正している．法改正の内容のうち，「配慮書制度」，「方法書説明会」，「電子縦覧」，「事後調査」について都道府県および政令指定都市での導入状況を図4-1〜4に示す．

「方法書説明会」，「電子縦覧※」，「事後調査」については，多くの都道府県，政令指定都市で制度を運用しているのに対し，配慮書制度の導入には慎重な地方公共団体がおよそ4割存在している．

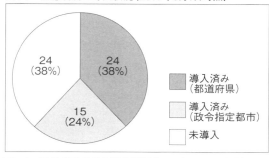

図4-1 配慮制度の導入状況（2017年5月1日時点）

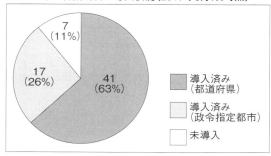

図4-2 方法書説明会の導入状況（2017年5月1日時点）

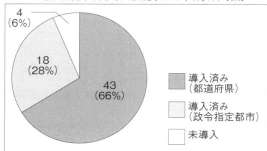

図4-3 電子縦覧手続き導入状況（2017年5月1日時点）

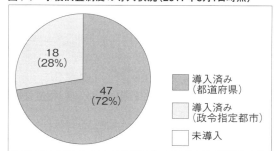

図4-4 事後調査制度の導入状況（2017年5月1日時点）

3. 地方公共団体の制度の施行状況

1978年（昭和53年）以降，2016年（平成28年）までに，都道府県，政令指定都市の条例，要綱により手続きを実施，完了された案件は約2,290件（都道府県が約1,730件，政令指定都市が約560件）である．事業別では，レジャー施設事業が最も多く（約470件），次いで各種土砂造成事業（約440件），産業廃棄物処理場事業（約300件），道路事業（220件）である．また，都道府県，政令指定都市別では，東京都，川崎市が多く，約300件近い案件を施行している．

案件の傾向としては，環境影響評価法が全面施行された1999年（平成11年）以降，減少している．これは，環境影響評価法により一定規模以上の対象事業が定まったことにより，条例アセスでの案件が減少したものと捉えられる．（図4-5）一方，独自な制度によりアセス法施行後も実績を増やしている自治体もあり，特に，川崎市では，アセス法より規模の小さい事業規模を第1種行為から第3種行為として対象事業に位置づけ，その規模に応じた制度（第1種行為：配慮書・方法書・準備書・評価書，第2種行為：準備書・評価書，第3種行為：準備書）により多くの案件を施行している．

図4-5　地方公共団体の制度の施行状況

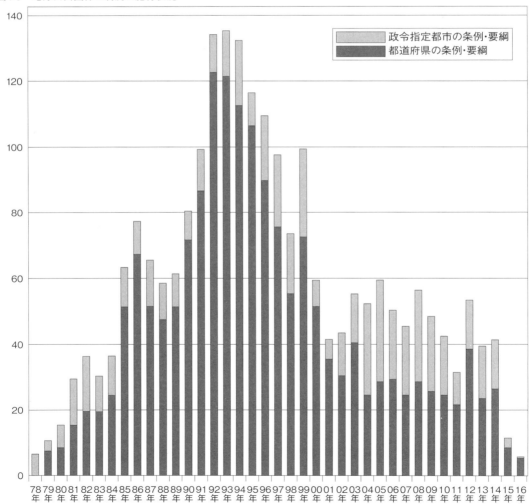

第5章 諸外国の制度の概要

　国際的には，環境アセスメントは，1969 年の米国・国家環境政策法（NEPA）の制定を皮切りに，欧州や北米を中心に制度化が進み，やや遅れてアジア諸国でもアセス制度が導入されていった．本章では，米国 NEPA の環境アセスメント，欧州諸国やアジアにおける環境アセスメントの制度化の状況について紹介する．

1. 環境アセスメント制度に係る国内外の変遷

　まず，世界の環境アセスメントの変遷を年表で追ってみよう（表 5-1）．環境アセスメントは，1969 年の米国・国家環境政策法（NEPA）の制定を皮切りに，1970 年代以降，欧州や北米を中心に制度化が進んだ．とくに欧州諸国では，イタリア，オランダ，イギリスにみられるように，EU 加盟国にアセス制度創設を義務付ける 1985 年の EIA 指令の発効を受けて法制化が広がった．その後，韓国や中国などのアジア諸国でも，欧米よりやや遅れて環境アセスメント制度以下（アセス制度）が導入されていった．

　1990 年代になると，オランダやカナダなどで戦略的環境アセスメント（SEA）の制度化が模索された．これは，それまでの事業段階における環境アセスメントの経験から，意思決定のより早期段階から環境アセスメントを適用する必要性が認識されたことによる．特に 2000 年以降，世界各国で SEA の制度化が広がったことがわかる．欧州諸国では，EIA 指令と同様に 2001 年の SEA 指令の発効を受けて，加盟国において制度化が進んだ．1990 年代の国連やアセス関連の国際学会での議論から制度化の機運が高まったことも背景にあった．諸外国の制度化の変遷を辿れば，米国 NEPA は世界初の環境アセスメント法でありながら，1970 年代から代替案検討やプログラム段階のアセスメントを対象にするなど，世界に先駆けて SEA の仕組みを実践してきたことがわかる．

　国際協力の分野では，先進諸国の制度化からやや遅れて開発援助の事業における環境配慮の仕組みが定着してきた．1984 年の世界銀行の事前環境配慮の規定や 1989 年の経済協力開発基金のガイドラインなどがこれにあたる．わが国でも独立行政法人国際協力機構（JICA）などによって環境社会配慮の仕組みが設けられた．これらの仕組みの下では，開発援助事業などにおいて相手国による環境社会配慮を確認し，必要に応じて支援する仕組みが設けられている．

　一方，わが国のアセス制度は，1972 年の閣議了解を経て制度化の取り組みが始まった．激甚な公害経験の教訓から環境アセスメントの必要性への認識は諸外国の中でも比較的早かったといえる．特に地方においては，福岡県アセス要綱（1973 年），川崎市アセス条例（1976 年），埼玉県 SEA 要綱（2002 年）など，アセス条例化や SEA 制度化が一部の都道府県や政令市を中心に精力的に進められた．しかし，法制化は閣議了解から四半世紀を経た 1997 年と立ち遅れた．年表をみても 1983 年の旧法案廃案の翌年に閣議アセスが開始されて以降，環境基本法の制定と環境基本計画が策定されるおよそ 10 年間は，制度に係る特筆すべきことは見当たらない．

　環境アセスメントに係る主体は様々あるが，環境アセスメントの技術開発や制度の改善を促す場として，学会活動は諸外国においても重要な役割を果たしてきた．その代表とし

第5章　諸外国の制度の概要

て，環境アセスメントの国際分野では国際影響評価学会（International Association for Impact Assessment: IAIA）がある．IAIAの設立は1980年であり，およそ40年近く

の歴史がある．この大会が2016年名古屋市で，"Resilience and Sustainability（レジリエンスと持続可能性）"というテーマのもと日本で初めて開催された．

表5-1 世界の環境アセスメントをめぐる主な年表

年	［諸　外　国］	［国　　際］	［日　　本］
1971以前	**【E+S】米国:国家環境政策法(1969)**		公害対策基本法(1967) 環境庁発足(1971)
1972	米国:テクノロジーアセスメント法	国連人間環境会議 国連環境計画(UNEP)設立	公共事業に係る閣議了解アセス 自然環境保全法
1973	カナダ:閣議決定アセス(EARP)	石油危機による経済の混乱	港湾法改正など:個別法アセス **福岡県アセス要綱**
1974	オーストラリア:環境保護法	経済協力開発機構(OECD) :「環境政策に関する宣言」アセス明記	
1976	フランス:自然保護法		**川崎市アセス条例**
1977		UNEP:「共有天然資源の利用に関する 行動原則」でアセス明記	発電所の省議アセス
1978	米国:NEPA施行規則		建設省公共事業アセス **日本環境アセスメント協会設立**
1979	韓国:環境保全法改正でアセス規定	OECD:アセス手続内容の勧告	発電所アセス(通達)
1980		**国際影響評価学会(IAIA)設立**	神奈川県・東京都: アセス条例
1983			環境影響評価旧法案廃案
1984	カナダ:総督令によりEARP強化	世界銀行:「環境に関する政策及び手続」で事前環境配慮を規定	**閣議決定に基づくアセス要綱 （閣議アセス）**
1985		**EC:EIA指令**	
1986	イタリア:環境省設置法		
1987	**【E+S】オランダ:**環境管理法のもとに 環境影響評価令制定	UNEP:「EIAの目標と原則」発行	
1988	イギリス:環境影響の評価規則		
1989	中国:中華人民共和国環境保護法	日本の海外経済協力基金(OECF) :ガイドラインで環境配慮を規定	
1990	ドイツ:アセス法 カナダ:SEA閣議令	国連欧州経済委員会(ECE) :ベルゲン宣言でSEAの必要性を言及	
1991		**【E+S】世界銀行** :「業務指示書4.01」にてアセスを制度化	
1992	カナダ:アセス法	環境と開発の国連会議:リオ宣言	
1993	韓国:アセス法,準SEA制度		環境基本法制定
1994	**【S】オランダ:**閣議指令Eテスト	**【S】国連環境アセスサミット**	環境基本計画策定
1995			愛・地球博アセスの実施を閣議決定
1996		IAIA: SEAレポート	
1997		EC:EIA指令の改正により, スクリーニング・スコーピングの導入	**環境影響評価法**
1999	**【S】オーストラリア** :環境と生物多様性保全法		**環境影響評価法全面施行** 藤前干潟埋立事業中止
2000	フランス:環境法典改正でSEA要求		SEA総合研究会報告書
2001		**EU:SEA指令**	**環境省発足**
2002	**【S】**中国:アセス法	国際協力銀行(JBIC) :新環境ガイドライン制定	**環境アセスメント学会設立** 埼玉県SEA要綱 東京都条例改正でSEA制度化
2004	**【S】**イギリス :計画・プログラム段階のアセス規則	JICA:環境社会配慮ガイドライン改訂	広島市SEA要綱 京都市SEA要綱
2005	ドイツ・韓国:法改正でSEA強化	IAIA:SEA世界大会	
2006	オランダ:法改正でSEA強化		
2007			**SEA導入ガイドライン**
2008	イタリア:政令によりSEA導入		**【S】生物多様性基本法**
2010年～		JICA:新環境社会配慮ガイドライン(2010) EIA指令改正(2014)	**【E+S】アセス法改正(2011)** IAIA16名古屋大会開催(2016)

注 1. 戦略アセスに関連した出来事に【S】，事業アセスと戦略アセスの両方に関連した出来事に【E+S】をそれぞれ記した．
　　ただし，SEAであることが明らかなものは省略した．
　 2. 錦澤・多島（2010）をもとに一部改変して作成した．

63

2. 米国・国家環境政策法（NEPA）における環境アセスメントの仕組み

①環境と経済の調和を目指した意思決定支援ツール

1969 年に制定された米国の国家環境政策法（NEPA）は，世界で初めて環境アセスメントを法律として明記した制度として知られている．米国の NEPA によるアセス制度（以下，NEPA アセス）は，米ソ冷戦時の国防研究において最適な戦略を見出すために米国で開発されたシステム分析の考え方を応用したものである．システム分析は，様々な事象や状況をシステムとして捉えて理解しようとするアプローチである．NEPA アセスは提案行為による環境・経済・社会へのインパクト評価を扱うという点で複雑であり，システム分析の対象として適していたのであろう．NEPA アセスの目指すところは，単なる環境保全対策に留まらず，環境と経済のより良い調和をもって最善の意思決定を下すことを支援する，という思想がその根底にある．

②あらゆる提案行為が対象

NEPA アセスのもう一つの特徴は，原則として，連邦機関が関与するあらゆる提案行為を対象とする点である．環境影響があらかじめ軽微とわかっているものだけをリスト化してアセス対象から除外し，それ以外は環境アセスメントを実施することとしている．例えば，交通分野であれば，歩道整備や信号機の取りつけなどは環境影響が小さいのでアセス対象からは除外される．影響の重大さをもって環境アセスメントの要否を判断しようとするのがポイントである．わが国のアセス法では，「規模が大きく環境影響の程度が著しい」ものとなるおそれがある事業を対象事業としているが，NEPA において規模の大小は問題としていない．つまり，規模が小さくとも影響が大きいと判断されれば，環境アセスメントの対象となる．

③簡易アセスメント（EA）によるチェック

NEPA の流れを見てみよう（図 5-1）．まず，事業を担当する連邦機関は提案行為が環境に著しい影響があるかを，自らの機関で作成したリストにより判断する．環境アセスメントの対象外となる類型的除外行為（Categorical Exclusion, CX）に該当する場合，そこで手続きは終了する．CX に属さず，各機関の基準と照らし合わせて，重大な影響があると認められた場合は，通常のアセスメント（Environmental Impact Statement, 詳細アセス）の対象となる．重大な影響があるかわからない場合には簡易アセスメント（Environmental Assessment, EA）が適用される．EA は具体的な運用が各連邦機関に委ねられているが，通常のアセス手続きと比べると評価項目，調査，参加手続きなどが簡素化され，手続き期間が短く費用も安くすむ．米国エネルギー省の 2003 年〜 2012 年のアセス案件に関するデータでは，詳細アセスと EA を比べると，手続き期間は 4 割未満，費用は 2% 未満に収まっていた．したがって，案件によって手続き期間や費用に幅があるものの，総じていえば，EA はかなり簡便な形で実施されているといえる．

EA の結果，著しい環境影響がないと判定されると，その認定文書として Finding of No Significant Impact (FONSI) が発行され，重大な影響が認められた場合は詳細アセスの手続きへ移行する．また近年，EA で明らかとなった環境影響を，環境保全措置で軽減することにより詳細アセスに移行しない，いわゆる Mitigated FONSI と呼ばれる案件の割合が多い傾向にある．提案行為に伴う重大な環境影響の有無が不明な場合に，詳細アセスの要否を判断するのが本来の EA の目的であったことから，環境諮問委員会（CEQ）が定めた当初の規則には Mitigated FONSI の規定はなかった．これが，近年になって認められるようになり，2011 年に CEQ がガイドラインを公表したという経緯がある．

④代替案の検討

NEPAアセスにおける合理的な意思決定支援のために，もっとも重要とされるのが代替案（alternatives）の検討である．実際，NEPAの条文中に設けられている代替案の規定（§1502.14 Alternatives including the proposed action）の冒頭には，"This section is the heart of the environmental impact statement"，すなわち「代替案はアセスメント図書の核心」である旨が記され，代替案検討が明確に義務付けられている．例えば，道路事業では複数ルート案や道路構造案が提案され，風力発電事業であれば施設の位置や規模の複数案などが示される．この複数案は，所管の連邦機関によって最も望ましい案が提示されるが，それを合理的に説明する材料として，ノーアクションを含むすべての合理的な代替案が提示されること，また除外された代替案とその理由についても簡潔な説明が求められる．その上で環境，経済，社会の各要素において比較考量した結果がアセス図書に明示される．このように代替案の検討は合理的で最適な案を選択するための優れたツールであると同時に，公衆に対する説明責任を果たすという面においても重要な役割を担っている．なお，先に触れたEAの場合，事業提案者が最も望ましいと考える案とノーアクションとの比較が簡単に記載されるにとどまり，詳細アセスで求められる代替案の検討は義務付けられていない．この点で，詳細アセスとEAでは大きく異なる．

わが国のアセス制度では，2011年の法改正によって原則，複数案が検討されることとなった．これは大きな前進といえるが，「原則」と記されている通り，風力発電などの民間事業のアセス図書を見る限りでは，実際に複数案が検討されている事業は残念ながら多くない．日本の場合は国土が狭く複数案の検討が難しいという言い分もあろうが，代替案の検討は必ずしも事業候補地の代替案だけを意味するわけではない．実際に米国の代替案検討では，例えばコウモリの影響を回避するために風車のカットインスピード（ブレードが回転し始める風速）の代替案を検討する例がある．弱風時に活動が活発化するコウモリの特性に配慮した代替案である．また，大規模な開発をする場合に事業を分割して段階的に開発を進める代替案が検討される場合もある．まず小規模開発で不確実性の高い影響をチェックした上で次の開発を進めていくやり方である．

このように，代替案の検討は事業の位置や規模などの事業内容だけでなく，事業の運用方法や建設段階にも広げることで，確実な環境配慮が実現できる．

図5-1　米国NEPAアセスの枠組み

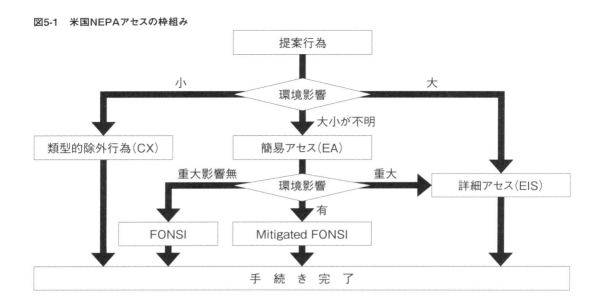

3．欧州におけるアセス制度の仕組み

①EU加盟国のアセス制度

　欧州では，欧州委員会によって，環境アセスメントに関する指令（アセス指令）が発行され，加盟国（Member States）はそれに準拠する形でアセス制度を設計・運用することとなっている．1985年に初めて発行されたアセス指令は，これまで3回の改正とそれらの集約化，さらに2014年4月の改正を経て今日（2018年7月現在）に至っている．

　1985年に発行された初めてのアセス指令では，その3年後にあたる1988年7月までにアセス制度を導入することが加盟国に求められた．EUのアセス制度は，アセス指令により加盟国に共通して義務付ける事項と，加盟国の裁量に委ねられる部分からなる．例えば，環境アセスメントの対象とすべき事業の選定（スクリーニング）では，義務規定として必ずアセス対象とすべき事業が附属書Ⅰ（Annex Ⅰ）で指定されている．高速道路や原子力発電所など規模にかかわらず重大な環境影響を及ぼすおそれがある事業がこれにあたり，現在では21種の事業が指定されている．一方，都市開発事業，風力発電事業や附属書Ⅰに含まれない道路事業などを含む80種余の事業が附属書Ⅱ（Annex Ⅱ）に掲載されていて，どの範囲を対象事業とするかは加盟国の判断による．通常，これは附属書Ⅲ（Annex Ⅲ）に記されている判断基準を踏まえてチェックリストが作成され，環境アセスメントの要否が判断される．

　このため，アセスの実施件数は各国で大きく異なるという実態があり，年間で（2005～2008年の平均値），マルタ共和国の場合10件と最も少なく，ポーランドは4,000件となっている．環境アセスメントの実施有無は各国で生産される商品や提供サービスのコストに影響を及ぼすため，欧州市場における健全な競争を保障する観点から，近年の重要課題の一つとなっている．電力価格などがその典型的な例である．このため，欧州委員会は公平性が保持されるようアセス制度の改正に取り組んでいる．例えば，一部の加盟国でみられるアセス逃れ（salami-slicing）を防止するために，2014年のアセス指令の法改正においてスクリーニング制度の改善が図られた．

　上述のとおりアセス指令はこれまで数回の改正を経てきたが，直近の2014年改正の概要を紹介しよう．2014年改正のポイントとして，①対象事業の選定，②アセス内容の質，③他の法制度との手続き重複など3つの問題に焦点があてられた．①は，対象事業の選定，すなわちスクリーニングの問題である．②の環境アセスメントの質的問題では，代替案検討，予測と結果の乖離，気候変動や災害管理などの新しい環境問題への対応が課題とされ，代替案検討の義務付けなどが提案された．③は，環境アセスメントと他の法制度との手続きの重複，市民参加手続き期間の問題などが指摘され，規制制度の窓口を一本化するワンストップショップ化が提案された．

②オランダのアセス制度

　ここでオランダを例に具体的なアセス制度の内容をみてみよう．オランダでは1985年の欧州委員会によるアセス指令を受けて，1987年にアセスメント法制度が創設された．この制度は事業だけでなくいくつかの計画も対象とするもので，SEAの仕組みが早期段階から取り入れられていたことが特徴である．また2001年の欧州委員会によるSEA指令発行の際には，その5年後の2006年にSEA制度が強化されている．

　具体的な手続きとしては，①スクリーニング，②周知・公衆参加・関係行政機関の意見聴取，③スコーピング，④調査・予測・評価，⑤準備書，公衆参加，関係行政機関の意見聴取，専門委員会の審査，⑥意思決定，⑦事後評価，の各段階を経ることとなっている．ただし，環境影響が重大となるおそれが相対的に小さい事業には簡易手続きが適用され，その場合は，②や⑤の意見聴取手続きが一部省略される．この一連の手続きの中で，①開始文書

（starting document），③方法書（Scoping document），⑤アセス報告書（EIA report），⑦モニタリング報告書（monitoring report）が文書として作成される.

スクリーニングでは，事業などを所管する行政機関が関係行政機関と連携しながら事業の必要性を判断するが，所管行政機関が事業者になっている場合は，外部の助言を受けることとなっている．スクリーニングの結果を受けて作成される開始文書（starting document）には，事業者，提案行為の概要，環境に及ぼす影響の概要などが記載される．次にスコーピング手続きでは，方法書において，事業あるいは計画の根拠（The rationale for the plan or project），代替案（alternatives），環境的側面（Environmental aspects）の3点について簡潔または広範囲に記載することが必須とされる．次に作成された方法書に基づいて，調査・予測・評価が行われ，その結果がアセス報告書にまとめられる．この報告書は，提案行為の目的，代替案，関連計画／事業，環境影響，代替案の比較考量結果，環境保全措置または代償措置などが含まれる．この報告書が公開されて審査に付されるが，先述の通り簡易手続きと詳細手続きの2種類に分かれる．詳細手続きでは，専門委員会（NCEA; The Netherlands Commission for Environmental Assessment）から事業や計画の特性に応じて適切な専門家が選定された上でワーキンググループが組織され，専門の見地からチェックされることになる．NCEAは第三者の立場から公正に審査できるよう独立した機関として位置づけられている．簡易手続きの場合，NCEAによる審査は任意である．このような専門家集団を案件ごとに組織して審査する仕組みはオランダのアセス制度の大きな特徴の一つである．

参加手続きについては，開始文書，環境報告書（案を含む），最終決定文書が公表されて，市民が意見を提出できる機会が設けられる．通常6週間の期間が充てられ，事前に新聞や地元広報誌などを通じて周知される．

なお，オランダの環境アセスメントの運用件数としては，95件／年の環境アセスメントが実施された（2010年）．近年は洋上風力発電の開発が盛んになっていて，国が自ら環境アセスメントを実施して適地を絞り込み，事業を積極的に推進する方式がとられている点も興味深い．

4. アジア諸国のアセス制度の仕組み

アジア諸国におけるアセス制度の制定状況をASEAN諸国を中心に見てみよう（表5-2）．タイやマレーシアなどの一部の国を除き，多くは1990年代か2000年以降に制度化が進んだことがわかる．欧米諸国に比べると制度化が遅れたが，現状では，ほとんどの国が環境アセスメントを法制化している．欧州では，欧州委員会によりアセス指令が発行され，加盟国間のアセス制度の統一化が図られてきたが，アジア諸国では今のところそのような動きは見られない．例えばASEANに加盟する10か国をみても，市民参加やアセス図書の公開の規定が設けられていない国（シンガポール，ブルネイ）があるなど，環境アセスメントの基本的要件を欠くような国が散見される．

アジア諸国の多くは，日本のように環境アセスメントを単独の法として制定するよりも，タイ，ベトナム，カンボジアのように環境保全法などの一部として環境アセスメントを規定し，政令などで具体的な手続きを規定する国が多い．また，タイ，マレーシア，フィリピンなど比較的早い時期からアセス制度化に着手してきた国では，憲法において環境アセスメントを規定するケースがある．この場合，すべての法律を拘束することになり，様々な意思決定に影響を及ぼすこととなる．

アジア諸国のアセス制度において，しばしば注目されるのが市民参加手続きである．シンガポールとブルネイの2か国を除き，どの国でも何らかの参加手続きの規定が設けられている．わが国の2011年の法改正で方法書段階の説明会が義務付けられたように，法改正の

タイミングで充実化が図られる傾向にある. ただし市民参加（Public Participation）の対象については, 何をもって「市民（Public）」とするかはやや不明確であり, 関心をもつ地域住民の関与が及ばないおそれがある. 情報公開についても多くの国でアセス図書が公開されているが, 近年はウェブサイトを通じて公開する動きがみられる. 中国では, 2013年11月にアセス図書公開の指針を発行し, 2014年7月よりアセス図書がホームページ上に公開されるようになった. このような取り組みは, 当該事業に関心をもつステークホルダーにとって有用な情報となることに加えて, 各国のアセスメントの取り組み実態を分析する上でも貴重な研究資料となる. 環境アセスメントの今後の発展にとっても有用であり, 今後, 広がっていくことが期待される.

追跡調査も多くの国のアセス制度において規定されている. 一部の国では強い規定を設けている国もある. 例えばタイでは, 事業者は2年に1回事後調査結果を当局に報告することが義務付けられている. ただし, その結果が追加の保全措置の実施などにどれだけ生かされているかは不明であり, 今後の課題といえよう.

一方, 戦略的環境アセスメント（SEA）, 代替案の検討, 累積的影響への考慮などは, 以前として対応が十分ではない傾向にある. SEAは, 韓国や中国では法制化されているが, ASEAN諸国では, ミャンマーやラオスなど比較的最近になって制度化が進んだ国を除いて, 十分な規定がない. 代替案の検討も同様にミャンマー, ラオス, タイ, マレーシアで規定があるものの, その実態は必ずしも明らかではない.

表5-2　アジア諸国のアセス法制化の状況

	国	制定年	根拠法	備考
ASEAN諸国	タイ	（1975）1992→2007	National Environment Quality Promotion and Conservation ACT (NEQA)	憲法に規定 SEA規定
	マレーシア	（1974）1987→2012	Environment Quality ACT (EQA) EIA Order	憲法に規定
	フィリピン	（1978）2003	Presidential Decree 1586	憲法に規定
	インドネシア	（1999）2009	Environmental Manegement Act	
	ベトナム	（1993）2005	Environmental Protection Act	SEA規定
	カンボジア	（1996）1999	Law on Environmental Protection and National Resource Management, Sub-decree law of the EIA process	SEA規定
	ミャンマー	（2013）2015	Environmental Conservation Law	SEA規定
	ラオス	2000→2010	Environmental Protection Law Decree on Environmental Impact Assessment	
	シンガポール	（1989）1999→2002	Environmental Protection and Management Act	参加規程なし
	ブルネイ	2016	Environmental Act	参加規程なし
	韓国	1993→1997	Environmental Assessment Act	SEA規定
	中国	（1986）2002	Environmental Impact Assessment Law	SEA規定
	日本	（1972／1983）1997→2011	環境影響評価法	

注) Swangjang（2018）, 作本（2014）を参考に作成
　　制定年の（　）は部分的なアセス制度導入,（　）なしは本格的な制度の導入を指す.
　　→は制度改訂を意味するが, 主要なものや直近のものなど一部のみ掲載している.

5. 国際協力における環境アセスメント

国際協力にかかわる環境アセスメントについては，OECD が 1979 年にアセス手続き内容について勧告を出したことを受けて，世界銀行を筆頭に環境配慮の指針がつくられ運用されてきた．わが国では，独立行政法人国際協力機構（JICA）によって 2000 年初頭から類似の取り組みが進められてきた．ここでは，JICA による環境配慮の内容と特徴を紹介する．

JICA では，協力事業について相手国などに対して適切な環境社会配慮の実施を促すとともに環境社会配慮の支援と確認を指針に従って適切に行うこととしている．これは 2000 年初頭に作られた指針を踏まえて，2010 年 4 月に「環境社会配慮ガイドライン」として発行・公表された改訂版に基づいて実施されている．ガイドラインのタイトル名に「社会」という言葉が含まれているとおり，自然環境だけでなく社会面への影響にも配慮するという意図が読み取れる．とりわけ，非自発的住民移転や先住民族などの人権の尊重が検討の対象とされる．ガイドラインの巻末参考資料にチェックリスト一覧表が掲示されているが，これによると「社会環境」に分類される具体的項目として，住民移転，生活・生計，文化遺産，景観，少数民族，先住民族，労働環境が記載されている．先住民族やマイノリティへの配慮など，米国やカナダなど先進国の環境アセス制度で見受けられる項目もあるが，文化遺産や景観を除けばわが国のアセス制度では馴染みがない項目が少なくない．

JICA の環境アセスメントにおける環境社会配慮の基本方針として，以下の 7 項目があげられている；①幅広い影響を配慮の対象とする，②早期段階からモニタリング段階まで，環境社会配慮を実施する，③協力事業の実施において説明責任を果たす，④ステークホルダーの参加を求める，⑤情報公開を行う，⑥ JICA の実施体制を強化する，⑦迅速性に配慮する．この基本方針にのっとることで，環境アセスメントの二大要件である科学性と民主性の担保が保障されることとなる．ただし，プロジェクトの環境社会配慮に係る情報公開などは，相手国が主体的に行うことが原則となるため，当然ながら限界もある．

その他の特徴としてカテゴリ分類があり，事業の内容や立地特性に応じていくつかのカテゴリに分けられて環境アセスメントが実施される．具体的には，カテゴリ A は重大な影響を及ぼすおそれがある事業，カテゴリ B は重大な影響の程度がカテゴリ A と比べると小さい事業である．具体的には不可逆的影響が少ない事業などが該当する．カテゴリ C は重大な影響が最小限あるいはほとんどないと考えられるものである．どのカテゴリに分類されるかのスクリーニングは，チェックリストの記入を相手国に求め，それらを参考に決定する．カテゴリごとの手続きの差異は，例えば，専門家から構成される環境社会配慮助言委員会はカテゴリ A またはカテゴリ B のうち必要な案件にのみ関与することとなっている．なお，環境社会配慮助言委員会は，公開で議論され，議事録は発言者名を明記したものが公開されるなど議論の透明性が確保されている．

カテゴリ A プロジェクトの場合，相手国に対してアセス図書の提出が求められる．また，大規模な非自発的住民移転，先住民族への配慮を要する事業の際は，それぞれ住民移転計画，先住民族計画の提出を求めることとなる．これらの図書を対象に環境レビューが行われ，環境保全措置などについて検討した上で，相手国へ助言する仕組みとなっている．カテゴリ A のアセス図書においては，事業概要や環境影響，関係者との協議の記録に加えて，代替案の分析結果についても含まれるべきとされている．

第3部

環境アセスメントを
支える仕組み

第6章 環境アセスメントの技術指針

　技術指針は，様々な事業種，様々な環境要素に対応するため，環境アセスメントの技術上の基本的な考え方を定めるものである．具体的には，環境アセスメントが科学的かつ適正に行われることを目的として，評価項目の選定，調査・予測・環境保全対策，評価などに関する技術的事項についてまとめたものである．

　環境アセスメントの各段階の図書は，一定の水準が確保されるよう技術指針に沿って作成される．また，審査においては，技術指針に沿っているかが確認される．

　技術指針は環境アセスメントをどのように進めるかを定めたものであるが，様々な事業種・地域の特性に合わせて柔軟にアセス図書を作成することが重要である．

　知見の蓄積や技術の進展に対応し，技術指針は適切に見直されることとなっている．

1. 技術指針の役割（機能）

①環境アセスメントが科学的かつ適正に行われるために

　環境アセスメントでは，事業のニーズが生じた場合に，早期の計画段階で環境配慮を検討する（第1段階）．そして，環境アセスメントの設計をし，それを公表して様々な関係者から情報を集める（第2段階）．この情報を活用して必要な追加・修正をし，環境アセスメントの進め方を決め，具体的な調査，予測を行い，環境保全対策を検討して評価する．その結果を配慮書または準備書などとして公表し，様々な関係者から情報を集める（第3段階）．その後，準備書などに対する情報を活用して必要な調査，予測，評価の追加・修正をし，その結果を評価書などとして公表する（第4段階）．事業などに着手したら，環境保全対策を実施する．事業などの進行に合わせ，必要な項目について追跡調査を行い，問題があれば追加的な環境保全対策を検討，実施する（第5段階）．この流れのそれぞれをどのように進めるかを定めたものが技術指針である．

　環境アセスメントは様々な種類の事業について様々な地域で実施され，環境要素も多岐にわたる．技術指針は，これらを一定の様式に沿ってポイントがわかるように図書として取りまとめられるようにするためのものである．

　このため技術指針には，環境アセスメントが適切に行われ，一定の水準が確保されるようにすることが求められ，また，様々な人たちの信頼を得るために，調査・予測・評価を実施する際の基本的な考え方や，環境アセスメントが科学的かつ適正に行われるよう技術的な方法を示すことが求められる．

　技術指針だけでは細かな内容までは記載できないため，通常は手引きやマニュアルなどが作成され，技術指針を補っている．ここでは手引き，マニュアルなども含めて「技術指針」とする．

　技術指針には一定の内容が記載されているが，すべての事業の内容（事業特性）や地域の状況（地域特性）における環境アセスメントの進め方を完全に示したものではない．

　多様な事業種・地域の特性に合わせて柔軟にアセス図書を作成することが重要である．

第6章　環境アセスメントの技術指針

図6-1　環境アセスメントの流れと技術指針

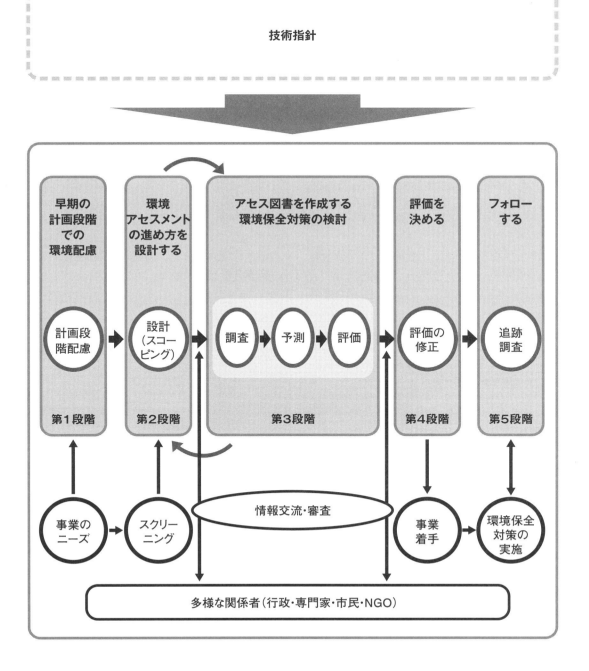

②技術指針の使われ方

　事業者（コンサルタントを含む）は，事業特性や地域特性が類似する先行事例も参照しつつ技術指針をもとにアセス図書を作成する．

　行政において，アセス図書を審査する際，最初に最低線として技術指針に沿っているかを確認する．各分野の専門家などで構成される審査会では，事業特性や地域特性を読み解き，技術指針に示されていない最新の知見なども踏まえて審査する．

　一般の方々は，技術指針の役割を理解した上で，意見提出などの情報交流に参加することが望まれる．

2. 技術指針に示されている内容

　技術指針は，様々な事業種，様々な環境要素に対応するため，環境アセスメントの技術上の基本的な考え方を定めるもので，そのため，各段階の具体的な進め方とともに，事業種や環境要素の特性に対応できるよう作成されている．

　具体的には，事業特性や地域特性の把握の方法，評価項目の選定の方法，環境要素ごとの調査・予測・評価の方法，環境保全対策の考え方，追跡調査の考え方，関係図書作成上の留意事項，説明会の開催に関する留意事項などについてとりまとめられている．

　大気，騒音・振動，水，土壌など生活環境系の環境要素は，調査・予測・評価を定量的に行う方法がおおむね確立されており，適切な調査・予測・評価の方法を選定できるよう取りまとめられている．また，予測・評価は環境保全対策の効果を組み込んで実施することになっている．

　動植物，生態系，人と自然の触れ合いの活動の場など，自然環境系の環境要素は，定量的な予測・評価が難しいものが多く，不確実性も高いことから，調査・予測・評価の範囲や時期・内容の考え方を示し，適切な方法の選定を促すよう取りまとめられている．なお，予測・評価は環境保全対策の効果も組み込んで実施するが，不確実性が高いため追跡調査・追加的な保全対策の実施が期待されている．

コラム　環境影響評価法の技術指針と条例の技術指針

（環境影響評価法の技術指針）

■環境影響評価法の本文には手続きの手順などが定められているが，具体的な方法は示されていない．事業特性・地域特性の把握の仕方など，環境アセスメントを実施する際の基本的な考え方は，「基本的事項」と「主務省令」に規定されている．

■「基本的事項」は，事業種によって左右されず，すべての事業種に共通する基本となるべき考え方を示している．一方，「主務省令」は，各事業種を所管する主務省がその事業特性を見据えてより具体的な考え方を示している．

■例えば，「基本的事項」では環境要素の区分と影響要因の区分を別表として示している．これに対し例えば道路事業に関する主務省令では，具体の環境要因となる内容と関連する環境項目について整理した「参考項目」を別表として示している．

■また，計画段階配慮事項の検討にあたって作成する複数案について，「基本的事項」では「位置・規模または建造物などの構造・配置に関する適切な複数案を設定する」ことが示されている．この複数案について，道路事業では「位置等に関する複数案」ということとしており，一方，発電所事業では「構造等に関する複数案」ということとしている．このように「主務省令」では事業種による特徴が表れている．

■このため，法に基づく環境アセスメントを実施する際には，まず「基本的事項」で根幹となる考え方を理解し，その上で対象とする事業種に関する「主務省令」に基づいて当該事業の特性を踏まえつつ対応を検討することが必要である．

（条例の技術指針）

■条例の技術指針の構成は，各自治体によって様々であるが，一般的に実施手順や環境影響評価項目ごとの調査・予測・評価の手法が整理されており，また，主務省令よりも詳細に記載されている．

3. 技術指針の内容と使い方のポイント

❶ 事業特性・地域特性の把握

①事業特性・地域特性の把握とは

　環境アセスメントは，事業が環境に及ぼす影響を見積もるため，事業による影響要因と地域の環境の状況を把握することから始まる．

　基本的情報として，事業の内容（事業特性）や地域の状況（地域特性）を客観的データなどにより正確に示す必要がある．

　著しい環境影響が見込まれる場合には立地や位置，規模を変更するなど，この段階から積極的な環境配慮を行うことも可能である．

②事業特性の把握

　事業特性の把握では，事業の目的や必要性，上位計画との関係，計画立案に至るまでの経緯，事業計画の内容などを示す．

　事業計画の内容では，事業特性により環境に影響を及ぼす程度が予測・評価できるよう計画の熟度に応じて位置・規模・構造などを示すことが必要である．

　事業計画の熟度が低く，環境への影響の程度が判断できない場合は，その旨を明らかにすることが必要である．

③地域特性の把握

　地域特性の把握では，事業の実施区域およびその周辺で，環境の影響を受けるおそれのある地域の自然的・社会的状況を示す．

　技術指針では，一般的に最新の文献，資料による調査が示されているが，必要に応じて現地踏査や専門家へのヒアリングを行う．

　事業による影響を受けやすい地域や対象（学校，病院など），法令などで環境保全が図られている地域，環境が著しく悪化するおそれがある地域などを把握することが必要である．

事業特性・地域特性の把握のポイント

■ 事業特性と地域特性は，環境アセスメントを進めるための経糸と緯糸にあたる．事業特性・地域特性を正確に把握することは，環境アセスメントの効果的な実施につながる．

■ 技術指針には，事業特性の把握そのものに関する詳細な記述はないが，技術指針に示されている予測に必要な条件を満たすように事業特性と地域特性の双方を適切に把握することが重要である．

■ 事業特性の把握では，事業により環境に影響を与えるもの（影響要因）を把握するため，事業による影響をインパクトフロー図に整理するなど事業と環境影響の関係を整理することが効果的である．

■ 地域特性の把握では，事業による影響を受ける立場になって考えることで，きめ細かな環境の状況把握が可能となり，効果的な環境アセスメントの実施につながる．

■ 地域特性の整理にあたっては，過去の状況の推移および将来の状況並びに当該地域において国および地方公共団体が講じている環境の保全に関する施策の内容についても整理することが重要である．

🔍 留意点

■ 事業内容の理解を得られるよう，事業特性の把握にあたっては，計画段階で検討した環境配慮の内容を記載することも大切である．

■ 地域特性を示すにあたっては，収集した文献や資料などの内容を単に網羅的に示すのではなく，それを整理・吟味して，環境への影響を把握する上で，必要かつ重要な情報がわかるように示すことが大切である．

❷ 項目の選定

①項目の選定の基本的な考え方

　事業者は，事業特性や地域特性の把握結果を踏まえて，事業による環境への影響要因の内容を特定するとともに，影響要因の内容ごとに影響を受けるおそれのある環境要素の項目を明らかにし，環境アセスメントの対象として選定する．

項目選定のポイント

■ 環境アセスメントを効果的に実施する観点から，重点的に実施する項目や，簡易的に実施する項目，非選定とする項目を考えながら，メリハリのある項目を選定することが重要である．

環境アセスメントの項目を選定するにあたって，選定理由や非選定理由を明確にする.

②項目の選定の具体的な手順

まず，事業による影響要因として，工事の実施，工事完了後の土地または工作物の存在や供用時の事業活動に伴う物質などの排出，または，既存の環境を損なう，あるいは，変化させる要因を整理する.

項目の選定は，整理された影響要因ごとに，環境要素（大気，騒音・振動，水，土壌，動物，植物，生態系，人と自然との触れ合いの活動の場など）に影響を及ぼすかどうかを，法令による規制や目標，影響の重大性などを考慮しつつ行う.

必要に応じて専門家などの助言を受けることなどにより客観的な項目選定を行うことが可能で，その場合，専門家などの助言の内容および専門分野や，所属などの属性を明らかにする.

■技術指針には，環境アセスメントの対象とする環境要素の項目が対象事業ごとに示されている場合もあるが，事業特性や地域特性によっては，この項目を追加・削除することが必要となる.

■環境アセスメントの各段階（配慮書段階や方法書段階など）により，選定項目が異なることも考えられ，その場合，理由や背景を説明することが適切である.

🔍**留意点**
- ■専門家や関心が高い方々から際限のない項目の選定を求められることがある．どの項目を選定すればよいかは，既に実施された環境アセスメントを参考とするほか，行政機関，環境アセスメントに関する俯瞰的な見識のある当学会の有識者などに相談し，判断することが重要である.
- ■重点項目以外については影響の程度が概略判断できれば十分な項目もありえる．設計の段階から専門家や行政，住民など様々な人たちから情報を集めておくことが効果的である.
- ■当初選定していなかった項目でも，途中で環境影響が想定されるような事態が生じた場合には，柔軟に項目を追加することが望まれる.

---

❸ 調査・予測・環境保全対策（生活環境系）

大気，騒音・振動，水，土壌などの生活環境系の環境要素については，定量的な調査などの方法がおおむね確立されているため，その中から適切な方法を選定する.

①調査

事業実施前の現況を把握するため，調査の項目，地域・地点，時期，頻度などの地域特性を踏まえて適切に設定するとともに，その設定根拠を明らかにする.

調査の方法については，個別法令で定められている手法（公定法）を参照する.

②予測

予測の時点は，影響要因や地域特性を踏まえ，環境要素ごとに影響の全体像を把握できるように設定する.

予測手法は，求められる精度に応じて簡便な手法から精度の高い手法までを考慮し，適切な方法を選択する.

定量的な予測においては，予測手法の適用限界を的確に認識し，適切な方法を選定する．予測に用いる原単位，パラメータなどについては，最新の知見を確認し適切なものを用い，また，

調査・予測・環境保全対策（生活環境系）のポイント

- ■定量的な予測が困難な項目や予測手法が確立されていない項目についても可能な限り調査を行う．これは追跡調査を行う上で重要なデータとなる.
- ■高頻度・長期・広範囲に環境の状況を把握する場合などは，簡便な方法を活用することも有効である.
- ■技術の進歩により，複雑な予測計算も比較的容易に行うことが可能となっているので，積極的な活用が期待される.
- ■予測の信頼性を高めるために，必要に応じて模型実験，野外実験などを行うことも有効である.
- ■環境保全対策は，複数の対策案を検討することが有効である.

第6章　環境アセスメントの技術指針

必要に応じて感度分析などを行う．適切な類似事例がある場合は，それを活用することが可能である．

③環境保全対策の検討

環境への影響を回避・低減・代償するための環境保全対策を検討する．

この対策の効果を踏まえて，予測を実施し，対策の効果に不確実性がある場合には追跡調査で確認することとする．予測に反映しきれない環境保全対策についても検討し，更なる影響の低減に努める．

🔍 **留意点**

■調査の実施にあたっては，調査時の状況についても適宜記録する．

■予測にあたっては，当該事業以外の影響（バックグラウンドの変化や他事業による影響）についても可能な限り把握することが予測精度の向上につながる．

■環境保全対策は，回避・低減・代償の順番で検討する．

■環境保全対策の効果については，持続性，範囲，時期などを明らかにするとともに，他の環境項目に与える影響についても考慮する．

■現場で機器により直接計測をする場合には，その機器の特性を理解して，事前にセンサーなどの正常な維持・管理が行われているか，点検しておくことが重要である．

---

❹ 調査・予測・環境保全対策（自然環境系）

動物，植物，生態系，景観，人と自然との触れ合いの活動の場などの自然環境系の環境要素については，定量的な調査などの方法が確立されているものが少なく，技術指針に示された多くの手法から適切な方法を選定する．

①調査

事業実施前の現況を把握するため，調査の項目，地域・地点，時期，頻度など地域特性を踏まえて適切に設定するとともに，その設定根拠を明らかにする．

調査の手法は一般的な科学的手法によることとし，各種手引きなどが存在する場合にはそれを参照する．

②予測

予測の時点は，影響要因や地域特性を踏まえ，環境要素ごとに影響の全体像を把握できるように設定する．

予測においては，定性的な手法から定量的な手法までを考慮し，適切な方法を選択する．

定性的な予測においては，その根拠となる考え方を明らかにする．

定量的な予測においては，適用範囲，パラメータなどについて，最新の知見を確認し適切なものを用いる．

地域の特性からみて適切な類似事例であると専門家により判断される場合は，その活用も可能である．

調査・予測・環境保全対策（自然環境系）のポイント

■動物，植物，生態系については，重要な種や注目種の出現状況のみならず，事業予定地をどのように利用しているかを把握することが重要である．

■景観，人と自然との触れ合いの活動の場の調査地点については，机上の検討のみならず，現地踏査，地域住民への聞き取りが有効である．

■生態系や景観の分野では，技術の進歩により定量的な予測を行うことも可能となりつつあり，こうした動向をよく把握して，その積極的な活用が期待される．

③環境保全対策の検討

環境への影響を回避・低減・代償するための環境保全対策を検討する.

自然環境系の要素は, 一度損なわれると回復が困難なことから, 例えば安易な移植などの代償措置ではなく, 重要な要素への影響の回避を最優先して検討する.

この分野は比較的不確実性が高いため, 追跡調査で確認する.

> 🔍 **留意点**
>
> ■動物, 植物, 生態系については, 地方自治体で取りまとめられている自然環境調査の結果などを活用することが効果的である.
> ■景観については, 地方自治体で策定されている景観計画などを活用することが効果的である.
> ■環境保全対策は, 回避・低減・代償の順番で検討する.
> ■代償措置（移植や創出など）については, 経年的に効果が表れることに留意し, 追跡的に効果の確認を行うことが重要である.
> ■希少生物の分布情報については, 場所が特定できない形で整理するなどの配慮が必要である.

❺ 評価

①評価とは

評価では, 予測結果および環境保全対策を踏まえ, 複数案の比較検討や実行可能な最大限の対策をとっているかの検討などにより, 環境影響を回避・低減できているかどうかを明らかにする.

また, 環境計画や環境基準をもとに事業者が設定した目標を満たすかどうか確認する.

②評価の実施

評価は, 環境要素別に, 予測で設定した時点ごとに行い, これらを総合的にまとめる.

環境への影響をどの程度回避・低減・代償できる見込みなのか, 事業者としての判断を示す.

評価を行う際の判断の妥当性や根拠についても, 丁寧に説明する.

環境基準などが設定されている分野については, 環境基準などの達成状況を確認するとともに, 地域の環境計画の目標との整合性についても確認する.

環境への影響を十分に回避・低減・代償できていないと判断される場合は, 追加的な対策と追跡調査の計画を示す.

環境保全対策に伴い環境要素間で影響のトレードオフが生じる場合は, 事業者としてどのように判断したかを明らかにする.

評価のポイント

■単に環境基準値を満たせばよいという目標クリア型ではなく実行可能な最大限の対策をとっているという「ベスト追求型」が求められている.

■環境保全対策を最大限取り入れ, いかに回避・低減を図っているか（ベスト追求）を明記することで, 事業者として環境保全に積極的に取り組んでいる姿勢を示すことができる.

■判断基準が明確でない環境分野（生物多様性, 景観, 歴史的・文化的要素など）の評価の判断に際しては, 専門家の意見に加え, 地域の様々な情報を取り入れるなどにより, 透明性を確保することが重要である.

■評価は, 予測結果, 環境保全対策, 追加的な環境保全対策や追跡調査計画を一連のものとして検討した結果である.

> 🔍 **留意点**
>
> ■環境面からの負の評価だけでなく, より良い環境づくりの観点から事業が果たすプラス面の役割がある場合には, それを積極的に評価することが必要である.
> ■現状で環境基準などを超過している場合は, 環境への負荷の程度を寄与率で確認することが考えられる.
> ■現状で環境基準などを大幅に下回っているような良好な環境の地域では, 環境基準などとの比較による判断ではなく, 現況をできるだけ悪化させないことが優先される.

第6章　環境アセスメントの技術指針

❻ 追跡調査

①追跡調査とは

　選定項目に係る予測・評価の結果，環境への影響が懸念される場合や，環境保全対策の効果に不確実性がある場合には，事業着手後においても追跡的に環境への影響の程度について調査を行う．

　実施すべき調査項目は，環境影響評価書などに明記する．

　調査結果に基づき，必要に応じて環境保全対策の強化や追加，修正を行う．

②追跡調査の実施

　事業の実施に先立ち，客観的で適正な調査を確保するため，必要に応じて専門家の助言・指導を得つつ具体的な調査実施計画を策定する．

　調査計画に基づき実施した調査の結果を保全目標に照らして，環境影響が懸念される場合には，追加的な環境保全対策を策定・実行する．

③追跡調査の公表

　調査結果や，その結果策定した追加的保全対策について取りまとめて公表する．

　公表した情報に対して意見が出された場合には，誠実に対応する．

追跡調査のポイント

■ 事業特性や地域特性に対応して適切に調査期間を設定する必要がある．例えば，対象となる生物種あるいは生態系への影響の有無が十分に把握できる期間や時期を設定する．

■ 環境保全対策の強化や追加，修正を行う場合は，必要に応じてその項目に関する追跡の調査計画を検討する．

■ 保全目標は，環境基準や，各地方公共団体の環境保全計画における目標などの確保も考慮する必要がある．

🔍**留意点**
■ 事業の段階（工事着手時や供用時など）で事業主体が交代する場合には，継承した事業主体が追跡調査を実施することが基本である．追加調査計画の内容や考え方について確実に引き継ぐことが極めて重要である．
■ 地域住民などに対し，追跡調査結果などを積極的に説明する場を設けることが望まれる．
■ 当初の調査・予測・評価の結果と，追跡調査の結果を対比することにより，積極的に予測・評価や環境保全対策の技術向上につなげることが望まれる．

❼ 図書の作成

①図書とは

　環境アセスメントでは，配慮書，方法書，準備書，評価書，追跡調査計画書・報告書など（法令や条例によって名称が異なる場合がある）の図書が作成される．

　これらのアセス図書は，環境アセスメントが適切に行われ，一定の水準が確保されていることを示し，様々な人たちの信頼を得る材料となることから，環境アセスメントの内容を技術指針などに基づいた一定の様式に沿ってポイントがわかるように取りまとめる．

②図書の作成

　図書は，技術指針に図書の構成が示されている場合には，こ

作成のポイント

■ 調査結果は，事業や計画による環境への影響の程度を見る上で，必要十分となる情報にまとめることが重要である．

■ 予測結果は，予測手法の妥当性や予測結果を得るまでの過程などについて，丁寧に説明するとともに，予測の前提条件を明記する．

■ 評価結果は，要因ごとに，影響を受ける環境分野について，影響の大きさとそれを回避・低減・代償する対策の具体的内容，評価の判断根拠を示す．また，特に重大な影響のある要因・環境分野については，判断の妥当性や

れに則した構成とする.

図書は，誰にでも読みやすくわかりやすい内容となるよう努める.

図書の作成にあたり，技術的，専門的な分析資料や計算過程などの膨大な資料は，資料編などの分冊に整理・掲載する.

図書は，従来からの印刷物のほか，電子縦覧に対応できるよう電子媒体でも作成する.

根拠について，丁寧に説明することが重要である．これらを総合的に評価する.

■環境保全対策は，環境保全対策の実施主体，実施時期，実施内容について，できる限り具体的に示す．また，特に事業者が重視し積極的に採用した環境保全対策について，複数案の比較などにより，その効果を明らかにすることも重要である.

■追跡調査では，事業着手後における環境への影響の程度を明らかにするための調査方針を明示することが重要である.

🔍 留意点

■配慮書から追跡調査報告書まで，図書は段階を追って作成されるため，その前段階の経緯を十分に踏まえて作成することが重要である.

■わかりやすい図書とするために，図や表を適切に活用することが重要である.

■要約は，重要なポイントがわかるよう簡潔に整理する必要がある.

■引用する文献については，客観性や情報の正確さを十分に吟味する必要がある.

8 情報交流

情報交流では，提供した情報がどのように環境配慮に活かされたかを示すことで，事業への理解を深めることができる.

技術指針であまり強調されていなくても，より積極的な対応が不可欠である.

より良い情報交流のために，事業者による積極的な早め早めの情報発信とわかりやすい資料作成が重要である.

情報交流は相互のやり取りがキーとなる．そのため，様々な人たちは，地域の環境について常に関心をもち，事業に関する情報をよく理解して情報提供を行うことが重要である．これに

対し事業者は，提供された情報を真摯に受け止め柔軟に対応することが重要である.

相手の主張を理解する努力をしつつ，お互いに無理な要望や注文に陥らないように，留意して進めることが重要である．このためにも，最初の段階で地域の行政を含めて関係者間の信頼を築くことが重要である.

コミュニケーションを深めるうえで，中立的な立場のファシリテーターが多様な参加者の発言を促し，議論の流れを整理し，参加者の相互理解を促進させるファシリテーションが有効である.

4. 技術指針を活かすために

1 技術指針が役割を果たすために

①技術指針の役割・機能の理解に基づく情報交流

技術指針がアセス手続きやアセス図書作成に果たしている役割や機能などについて，市民も含むステークホルダー（様々な人たち）が理解をして情報交流に努める.

技術指針の役割や機能の理解を深めるため，あらゆる関係者はそれぞれの立場において教育・育成・研修に努める.

②最新の技術や研究成果の積極的な反映

あらゆる関係者は，学会やセミナーなどに積極的に参加し，情報交流を通じて最新の技術や研究成果の蓄積・共有に努め，技術指針の運用・反映に際し，その活用を図る．

調査・予測・評価にあたっては，研究蓄積があり実務レベルで適用可能で一定の信頼性が担保されている最新の技術や研究成果は，技術指針にかかわらず積極的に活用する．

アセス制度は世界各国で導入されている．こうした海外における先進的な制度や事例を積極的に学び，日本への適用可能性を考慮して，その活用も図る．

❷ 更なる技術指針の充実に向けて

①アクセスビリティの高いデータベースの構築

今後のより適切な環境アセスメントの実施へのフィードバックが可能になるよう，調査・予測・評価の考え方や工夫点，課題などの情報が整理され，一定の信頼性が担保された環境アセスメントの技術に関するデータベースの構築が望まれる．

②環境アセスメントの先進的な取り組みと技術指針

環境アセスメントにおいてオフセット（カーボンや生物多様性）などの新しいメカニズムを活用していくために，技術指針などで新しい手法が適宜提示されることが望まれる．

社会面や経済面の評価を含む環境アセスメントについて，具体的な手法を示している地方公共団体の事例もあることから，こうした取り組みがさらに広がることが望まれる．

③より上位段階で活用できる技術の開発

計画段階配慮書の導入により，配慮書のための技術指針が整備されつつあり，今後は，政策段階などのより上位の意思決定に活用できる技術の開発が求められる．

④プラスの影響（効果）の評価

事業により環境改善の効果があるものもある．これまでの技術指針では，マイナスの影響の評価が中心であり，プラスの影響が十分に考慮されてこなかったが，こうしたプラスの影響（効果）についても，評価を行うことが求められる．

参考1. 国の技術指針（基本的事項，主務省令）

① 国の技術指針

　環境影響評価法に基づく環境アセスメントを実施する際の技術上の基本的な考え方は，すべての事業種に共通する基本となるべき考え方を示している「基本的事項」と，各事業種の特性を見据えて，事業を所管する主務省が作成した「主務省令」に定められている.

表6-1　環境影響評価法における法律,施行令などが規定している事項

法律,施行令など	規定している事項
環境影響評価法	環境影響評価の全般的な手続き
環境影響評価法施行令	● 法対象事業の種類及び要件 ● 軽微な変更に係る要件 ● 方法書,準備書,評価書についての都道府県知事または環境大臣などが意見を述べる期間　など
環境影響評価法施行規則	● 方法書,準備書などの広告・縦覧の具体的な方法,事項 ● 説明会の開催などに関する広告の具体的な方法,事項　など
基本的事項（環境省告示）	主務省令で定める基準や指針が,一定の水準を保ちつつ適切な内容が定められるよう,すべての事業種に共通する基本となる考え方を規定 ● 配慮書段階における配慮事項や手法の選定指針 ● 配慮書段階における意見聴取に関する指針 ● 第二種事業の判定（スクリーニング）基準 ● 環境影響評価の項目や手法の選定（スコーピング）指針 ● 環境保全措置に関する指針 ● 報告書の作成に関する指針　など
主務省令	法対象事業ごとに,環境影響評価を行う際の具体的な内容に関する基準や指針を基本的事項に基づき規定※ ● 事業種ごとの配慮書段階における配慮事項や手法の選定指針 ● 事業種ごとの配慮書段階における意見聴取に関する指針 ● 事業種ごとの第二種事業の判定基準 ● 事業種ごとの環境影響評価の項目や手法の選定指針 ● 事業種ごとの環境保全措置に関する指針 ● 事業種ごとの報告書の作成に関する指針　など ● 事業種ごとの参考項目・参考手法

※一部の事業種については，環境影響評価の手続きや主務省令の内容などについて解説するガイドラインなどが策定されており，
　例えば，発電所については「発電所に係る環境影響評価の手引き」がある.

② 基本的事項

　正式名は「環境影響評価法の規定による主務大臣が定めるべき指針等に関する基本的事項」であり，省略して「基本的事項」と呼ばれている.
　基本的事項の構成は以下のとおり.

第一計画段階配慮事項等選定指針に関する基本的事項
第二計画段階意見聴取指針に関する基本的事項
第三判定基準に関する基本的事項
第四環境影響評価項目等選定指針に関する基本的事項
第五環境保全措置指針に関する基本的事項
第六報告書作成指針に関する基本的事項
第七都市計画に定められる対象事業等の特例に基づく事業者等の読替え
第八その他

③ 主務省令

　主務省令は，各省の大臣が，主任の行政事務について，法律や政令を施行するため，または法律や政令の特別の委任に基づいて，それぞれその機関の命令として発するものである.

　主務省令として，13事業36主務省令と，港湾計画に対する1主務省令が存在している.
（2015年8月時点）

第6章　環境アセスメントの技術指針

参考2．地方公共団体の技術指針

① 地方公共団体の技術指針

　条例を制定している地方公共団体においては，すべて技術指針が策定されている．

　地方公共団体の技術指針に関する情報は，個別に各自治体から入手することができる．

② 自治体における技術指針の制定，改訂の事例

①東京都

　東京都では，環境影響評価を取り巻く状況の変化を踏まえ，環境影響評価が科学的かつ適正に行われるよう東京都環境影響評価技術指針及び同解説の改定を行い，2013年7月1日より施行している．改訂の視点・主な内容は，以下のとおりである．
○ 2002年の改定以降の新たな知見，動向を反映
○都の重要な環境政策との連携（温室効果ガス，生物多様性など）
● 温室効果ガス：大規模事業で工事期間が長く，工事の施行中において工事用車両や建設機械の稼働に伴い多量の温室効果ガスを排出すると予想される場合は，環境影響評価の対象とすることを検討する．
※工事中の表現については，施工中と記載することが一般的であるが，東京都では施行中と

している．
● 生物・生態系：樹林地など自然地へ大きな影響が及ぶおそれがある場合は，できる限り定量的な予測手法を用いて予測する．
● 廃棄物：産業廃棄物については，事業者自らの事業活動によるものに限定せず，対象事業区域内から排出されるすべての廃棄物の種類ごとの年間の排出量とする．
● 大気汚染：沿道上に測定機器の設置が困難な場合など，公定法と簡易測定法を組み合わせて測定を行うことができる．
● 土壌汚染：評価書時に既存の建物などが存在するなど，物理的に土壌汚染の現地調査が困難な場所においては，原則として，調査が可能となった段階で土壌汚染の調査を実施し，汚染状況，処理方法，処理結果などについて，事後調査報告書などにおいて報告する．

②相模原市

　相模原市では，2014年7月1日に条例を制定，2015年7月1日より施行した．同市の技術指針（解説付）は，施行にあわせて定められ「技術指針策定の趣旨」の解説に，次の記載がされている．
● 本技術指針は，条例に基づく環境影響評価手続きを適切かつ円滑に進めること，また，対象事業の実施に際して，環境の保全について適正な配慮が行われることを目的として，＜中略＞手法や事例等を示している．一方，環境影響評価手続は，本来，事業者の判断による，事業特性や地域特性を十分に踏まえた多様かつ柔軟な調査，予測及び評価の手法等が

許容されるべきものであって，本技術指針で示す考え方や手法が全てではない．また，有用と判断される最新の手法等を積極的に取り入れることにより，知見が蓄積され，より適切な環境の保全のための配慮がなされるようになる側面もある．したがって，事業者は，実際の事業における計画段階配慮，環境影響評価及び事後調査の検討の際には，本技術指針を参照するほか，個々の事業特性や地域特性に応じて，より適切な環境の保全のための最適な手法を選定すべく検討を行うことが重要である．

参考3.「技術指針」関連資料

❶ 全般
- 計画段階配慮手続きに係る技術ガイド（2013年3月　環境省）
- 実践ガイド環境アセスメント（2007年8月　環境アセスメント研究会）
- 環境アセスメントの技術（1999年8月　社団法人　環境情報科学センター）

❷ 事業別
- 風力発電施設から発生する騒音等測定マニュアル（2017年5月　環境省）
- 発電所に係る環境影響評価の手引（2017年5月 経済産業省）
- 小規模火力発電の望ましい自主的な環境アセスメント実務集（2017年3月 環境省）
- ダム事業における環境影響評価に関わる主務省令の解説（2017年3月　農林水産省）
- 港湾分野の環境影響評価ガイドブック2013（2013年11月　一般財団法人　みなと総合研究財団）
- 道路環境影響評価の技術手法（平成24年度版）(2013年3月 国土技術政策総合研究所)
- 廃棄物処理施設生活環境影響調査指針（2006年9月 環境省）
- ダム事業における環境影響評価の考え方（2000年3月　河川事業環境影響評価研究会）
- 面整備事業環境影響評価技術マニュアル（1999年11月 建設省）

❸ 要素別
- 環境アセスメント技術ガイド　大気環境・水環境・土壌環境・環境負荷（2017年3月　環境省）
- 環境アセスメント技術ガイド　生物の多様性・自然との触れ合い（2017年3月　環境省）
- 特定鳥獣保護・管理計画作成のためのガイドライン（クマ類編・平成28年度）（2017年3月　環境省）
- 特定鳥獣保護・管理計画作成のためのガイドライン（ニホンジカ編・平成27年度）（2016年3月　環境省）
- 環境影響評価技術ガイド（放射性物質）（2015年3月　環境省）
- 海洋生態系調査マニュアル　考え方と実践（2013年3月　一般社団法人　海洋調査協会）
- 特定鳥獣保護管理計画作成のためのガイドライン（イノシシ編）（2010年3月　環境省）
- 環境影響評価技術ガイド　景観（2008年3月　環境省）
- 干潟生態系に関する環境影響評価技術ガイド（2008年3月　環境省）
- 野生生物保全技術（2007年8月　海游舎）
- 特定鳥獣保護管理計画技術マニュアル（カワウ編）（2004年　財団法人　日本野鳥の会）
- 地域の環境振動（2001年3月　社団法人　日本騒音制御工学会）
- 窒素酸化物総量規制マニュアル（2000年12月　公害研究対策センター）

第7章 追跡調査

　環境アセスメントで事後に調査する必要があると認められたものを追跡調査といい、特に必要とはされていないが、継続して実施する監視（モニタリング）と区別される。追跡調査は、アセス図書に記載された追跡調査計画に基づき実施する。

　追跡調査では、環境保全措置の効果を検証することにより、アセス図書の記載内容を担保する。また、追加的措置の必要性を判断することが重要となる。

　追跡調査結果を公開することが信頼につながる。

1.　追跡調査の意義と目的

①追跡調査の位置づけ

　環境アセスメントは，事業者が，あらかじめ環境への影響を予測・評価し，適切な環境保全措置（対策）を事業に組み入れることを目的とする制度である．しかし，予測・評価には不確実性があり，環境保全措置の手法や効果がはっきりしない場合もある．そのため，環境保全上の問題が事業に着手した後において生じていないかどうかを把握し，問題が生じた場合に必要な措置を追加的にとれるようにすることが重要である．

　このため，事業着手後（事後）において，環境影響の把握と必要な措置を検討するための追跡的な調査などを行うことが必要である．法アセスや条例アセスでは「事後調査」と称されるが，本書ではそれも含めて，こうした一連の調査などを追跡調査という．

②追跡調査ですべきこと

　追跡調査においては，調査・予測・評価で実施したすべての項目を対象とする必要はなく，予測・評価に不確実性があり，環境保全措置の手法や効果が明確でない項目などについて調査・検討を行う．

　その際に，事業着手後の環境影響の程度が把握できるよう，必要な項目の調査を行い，事業着手前に実施した調査・予測・評価の結果なども参照しつつ，環境保全目標が満たされているかどうか，また，追加的な環境保全措置の必要性があるかどうかなどについて検討を行う．

③追跡調査の効果

　追跡調査により予測・評価結果を超える環境影響が確認された場合に，追加的に環境保全措置が実施されることとなり，事業における着実な環境保全が確保される．

　追跡調査の過程においても情報交流（住民意見の聴取など）を行えば，事業の実施に対する関係者の信頼・安心感を得ることにつながる．

④追跡調査結果の活用

事前の調査・予測・評価結果と追跡調査結果を比較検討することにより，調査手法，予測手法，評価手法の技術的な向上に資することができる．

図7-1　環境アセスメントにおける追跡調査の位置づけ

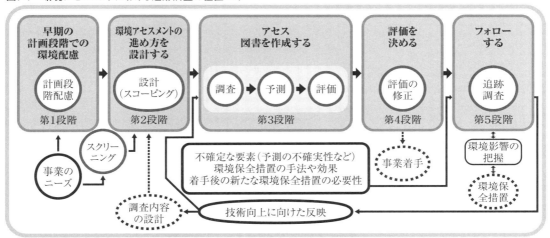

2．追跡調査の進め方

①追跡調査計画書の作成

事業者は，アセス図書の作成と評価を決める際に併せて，追跡調査の内容を検討する．検討の結果について，住民や行政など，多様な人たちの意見を踏まえて追跡調査の内容を決定し，その内容を追跡調査計画書としてあらかじめ取りまとめることが重要である．

②追跡調査の実施・評価

事業者は，追跡調査計画書に則り調査を実施する．追跡調査の結果と影響の予測結果の比較を行うことが必要である．

コメント

■追跡調査に関わる多様な人たちとしては，主に事業者，行政，専門家・学識者，実務者，市民・NPOなどがいる．
- 事業者：事業計画の実施／調査計画の作成／調査結果の確認／関係者への報告／計画の必要な見直／追加的措置の実施，など
- 行政：計画書や報告書の受領・確認／市民などへの広報／市民意見の必要な聴取／審査意見の伝達や勧告・指導，など
- 専門家・学識者：調査計画・報告書の審査・答申／助言，など
- 実務者：調査計画の提案／実施計画の作成／調査の実施／調査結果の報告／工事に係る環境監理／追加的措置の提案，など
- 市民・NPO：計画の縦覧／地域

③追跡調査結果に基づく措置の検討・実施

　事業者は，影響の予測結果との比較を踏まえ，追加的な環境保全措置を必要とするか否かを検討する．追加的な環境保全措置が必要となる場合は，その内容について具体的に整理・検討し，実施する．その際，情報公開に努め，多様な人たちの意見を踏まえて行うことが望ましい．

④追跡調査報告書

　事業者は，追跡調査の実施結果，影響の予測結果との比較，追加的な環境保全措置の検討結果，追加的に実施した環境保全措置を追跡調査報告書にまとめ，公表する．

情報の提供／計画・調査結果への意見／監視委員会などへの参加，など
■資金については，基本的に環境アセスメントの実施者が負担することが望ましい．環境アセスメントの実施者と維持管理者が異なる場合，事業が途中で頓挫する場合のほか，最終処分場など長期の事業終了後に収入がなくなる場合などもあり，必要資金の供託制度などを検討する必要がある．
■環境管理システムを構築している場合には，PDCAサイクルの中に組み込み，調査計画～追加的保全措置まで一貫して実施するのが望ましい．

図7-2　環境アセスメントにおける追跡調査の流れ

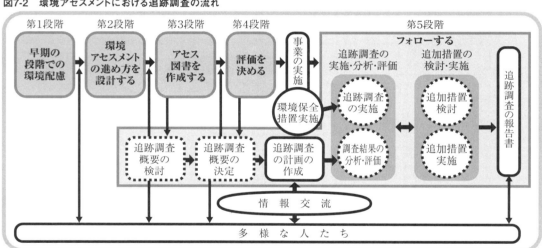

3. 追跡調査計画書

1 位置づけ・構成

①計画書の位置づけ

　追跡調査の項目については，アセス図書に記載されることが多い．記載された内容に加えて，継続的にモニタリングをする必要がある項目を含めて，追跡調査を適切に進めるため，計画書を作成することが重要である．

　継続的にモニタリングをする必要がある場合として，予測結果が評価目標と近接し，環境に及ぼす影響が懸念されるおそれがあるため，環境の変化の程度を把握する場合などがある．

コメント
■追跡調査では，予測・環境保全措置の不確実性に対応するため，環境要素ごとに調査内容を適切に設定することが必要である．
■追跡調査計画書は，評価書に記載した追跡調査計画と十分整合していることに留意し，異なる場合には十分な説明が必要である．
■事業実施者が変わる場合におい

第7章　追跡調査

②計画書の構成

アセス図書に記載されている追跡調査は概略的な記載が多いが，追跡調査計画書では，調査の時期・手法などについて具体的に記載する．

計画書には，以下の項目について記載する．

- 事業者の名称・所在地，事業名称・種類，事業目的・内容，施工・供用計画
- 調査項目（その選定・非選定理由），調査時期，調査範囲（地点），調査方法など
- 追加的に環境保全措置が必要となる場合の考え方
- 継続的にモニタリングが必要となる場合の考え方
- 結果の報告時期や公表方法
- 実施体制・連絡先（苦情などを含む）

ても，追跡調査計画書は継承されなければならない．

🔍 **参考事例**

■首都圏の12都県・政令指定都市においては，環境影響評価に関する条例が定められており，追跡調査計画において記載すべき項目（項目の選定・除外理由，調査内容・手法，環境保全措置の方針，結果の報告時期・公表方法，調査の実施体制など）が示されている．
■地方公共団体など事業者以外の者が所有するデータの利用の適否，苦情の連絡先やその対応策について記載させる団体もある．

---

2 調査時期・地点・頻度

①調査時期

原則として，予測の前提とした状況（最大影響や定常状態など）に対応する時期に調査を実施する．

工事中に既完成部分から段階的に供用する場合や供用後に定常状態に至るまでに長期間を要する場合などには，工事の進捗や一部供用時の状況に合わせて，調査時期を設定する．

生物・生態系の項目では，調査期間の設定が重要である．

②調査地点

原則として，予測地点と同一の地点で実施する．

広域的・面的に予測を行う大気質・水質などは，予測結果における高濃度発生地点なども調査地点に設定する．

動植物などの調査地点は，工事区域の改変状況などに応じて設定する．ただし，希少種の生息・生育情報の扱いに留意する．

③調査頻度

影響要因の変動，大きさ，継続性（時間スケール）などを考慮して調査項目ごとに調査頻度を設定する．

工事中の大気質・水質や騒音などについては，上記要因を考慮しつつ，原則として工事の影響が最大となる時期に1回程度

コメント

■調査内容は，追跡調査の目的に相応しい方法を採用する必要がある．
■調査時期について，既完成部分から段階的に供用する場合など，途中段階においても調査時期を設定することがある．このような事業では，事業の工程が変化することも多く，調査時期も途中段階で必要に応じて設定することが多い．
■調査は，項目によっては毎年定期的に実施する必要はなく，追跡調査の目的に応じて適切な時期に実施すればよい．

行う.

　地下水や風環境など年間での変動が特に大きい項目については，１年以上，連続的に実施する.

　動植物は，消滅の有無や個体数の変化をとらえるために，季節変化を考慮して調査頻度（四季など）を設定する.

④調査手法

　追跡調査結果と環境影響評価時の予測結果との比較検討が可能となるように調査手法などを設定する必要がある.

🔍 **参考事例**

■既存のアセス図書において計画されている時期・地点・頻度の傾向は，おおむね以下のとおりである.
●生活環境に係る項目では，事業の進捗状況（工事中の影響が最大や供用後の交通量が定常状態，など）に応じて調査時期を選定している．頻度については，定点において連続的（時間ごと，日ごと，月ごとなど）に実施している.
●生物・生態系に係る項目では，影響を受ける種の特性（移植後の活着するまで，２営巣期など）に応じて期間を設定している（３〜５年程度の設定が多い）．頻度については，生息・生育の把握ができる回数（年間１〜４回など）である.

---

4. 追跡調査の実施・分析・評価

1 追跡調査の実施

①調査の実施

　追跡調査計画にのっとり，現地調査を実施する．その際，環境の変化の状況に加え，対象事業による環境負荷の状況や環境保全措置の状況を把握することが必要である.

　当該事業の影響の有無を把握するために，バックグラウンドの変化の影響を受けていないかを確認することが重要である.

　経済情勢などの変化により，事業実施期間が大幅に変更になった場合には，追跡調査計画を見直した上で，実施することが必要である.

②地方公共団体などが行うモニタリングなどの活用

　環境基準が定められている項目などについて，地方公共団体などが環境モニタリングなどを実施している場合には，効果的かつ効率的に活用することが望ましい.

　特に，バックグラウンドの変化の確認には，地方公共団体や各種機関が保有しているデータを活用することが有効である.

③部分供用がある場合の調査の実施

　長期にわたる事業においては，部分供用などの事業の区切りに応じて，その段階において相応しい調査を実施し，影響を把握することが必要である.

コメント

■バックグラウンドの影響として留意すべき項目の例
●周辺交通量の変化
●周辺土地利用の変化（事業所，工場など）
●広域的な土地利用の変化（森林，田畑の減少など）
●長期的な気候変動（風向風速，温度，湿度，降雨量）
■公的機関で保有している環境関連データは，有効活用できるよう公開されることが望ましい.
■部分供用がある場合の区切りの例
●廃棄物処分場では，区画別の埋立て終了時
●道路事業では，トンネル完成後の部分供用時
●大規模住宅団地開発事業では，区画ごとの入居後

第7章　追跡調査

🔍 **参考事例**

■宅地の造成事業：条例アセス
●当初は部分供用の予定はなかったが，着工後6年目より一部戸建・公共・民間施設の供用を開始した．そのため，1年に1回程度，20XX年3月時点で10回の追跡調査報告書を提出した．工事中の追跡調査を継続して実施した．
■研究所建設事業：条例アセス
●環境アセスメントにより各項目とも影響は少ないという事前の予測結果を得たが，特に自動車交通について周辺開発，行政による周辺道路の整備，社会情勢の変化などバックグラウンドの影響を受ける可能性が懸念された．そのため，別途モニタリング調査を実施し，事業者・地元自治会・関係機関で構成する協議会を核とする環境管理システムを構築した．この取り組みが5年間に渡って継続され，影響が少ないことを確認した．

② 調査結果の分析・評価

①調査結果の分析・評価

追跡調査結果は，予測結果または環境保全上の目標値と比較する．その際，調査時の稼働状況やバックグラウンドの影響を勘案しつつ，対象事業の影響および環境保全措置の効果について分析する．

分析の結果，環境保全上の目標値（基準値・規制値）などを確保しているか，講じた環境保全措置が妥当であったか，について評価する．

②環境保全上の支障が認められた場合

分析・評価の結果，環境保全上の目標値（基準値・規制値）などを確保できていない場合や環境保全措置が妥当でないと判断される場合は，追加的に保全措置を検討する．

環境保全上の支障が認められ，緊急を要する場合には直ちに対応を図る必要がある．

コメント

■環境保全上の支障が認められ，直ちに対応を図る必要がある場合
●追跡調査において，環境保全上の目標値を超えて異常値を示すなどの場合は，直ちに地方公共団体の環境部局などに通報し，原因を究明する措置を講じる．
●工事中に，騒音・振動などが環境保全上の目標値を超え，住民から苦情が寄せられている場合には，直ちに環境保全措置を講じる．
●保全すべき動植物の生息・生育地に誤って工事がかかっている場合には，直ちに環境保全措置を講じる．

🔍 **参考事例**

■調査結果を受け追加的な環境保全措置を実施した事例
●工事中の調査により，自生する貴重な植物を被陰する雑草の影響がみられ，雑草を除去し，生育環境の管理を行った事例．
●工事中の調査により，貴重な甲殻類の放逐先の収容力低下がみられ，適切な放逐先に変更した事例．
●工事着手前の調査により，貴重植物の生育が新たに確認され，工事用道路の位置を変更した事例．
●工事中の調査により，池を新たに造成し両生類の卵塊を移植するという当初の保全措置では生息環境が安定しないことが明らかとなった．そのため，元の生息地の改変時期を延期し，移植先の池の再造成などの追加的な環境保全措置を実施した事例．

5. 追加的環境保全措置の検討・実施

①追加的な環境保全措置の内容の検討

講じられた環境保全措置の問題点を把握する．把握にあたっては，量的・質的・時間的な観点から分析する．

分析結果に基づき，環境保全上の目標値を確保するために必

コメント

■環境保全措置の問題点の分析は次の観点から行うことが望ましい．

要と考えられる追加的な環境保全措置について検討する.

その際，実施中の環境保全措置の延長線上だけでなく，新たな手法の採用も柔軟に検討する.

周辺の環境（バックグラウンド）の変化にも留意する.

②追加的な環境保全措置の実施と再評価

工事中もしくは供用時においても，環境保全上の目標値を確保するために必要と考えられる追加的な措置を事業に組み込む必要がある.

追加的環境保全措置を実施した場合においては，再度，追跡調査を行い，追加的に実施した措置の効果を検証する.

● 量的…環境保全措置の規模が適切であるか
● 質的…保全対象の特性に環境保全措置が適合しているか，最新の知見による環境保全措置を検討しているか
● 時間的…環境保全措置を実施する時期と期間が適切であるか
■ 時間的観点については，1日の時間帯など短いものから，生物生活史に関する長いものまであることに留意する.
■ 周辺環境の状況が大きく変化した場合であっても，当初の環境保全措置では影響を十分に回避・低減できない場合には，追加的な環境保全措置の実施を検討することが望まれる.

🔍 **参考事例**

■調査結果にかかわらず追加的な環境保全措置を実施した事例
● 工事業者が作成した土砂の運搬ルート案に対し，追跡調査の実施者が周辺集落への騒音・振動などの影響を指摘し，ルートを変更した事例.
● 台風などの大雨が予想される場合に，現場を巡回し，赤土流出対策の実施状況を確認の上，追加の赤土流出対策を実施した事例.
● 伐採作業などを行う場合に伐採箇所をあらかじめ確認し，必要に応じて重要種の移植や立入禁止箇所の設定・ロープ張りなどを実施した事例.

---

6. 追跡調査報告書

①追跡調査報告書の作成

追跡調査結果については，予測結果などとの比較が可能な形で整理する．また，その結果を受けて追加的な環境保全措置の必要性についても整理する.

整理された結果を，以下のように報告書としてまとめる.
　①事業の概要
　②追跡調査の項目およびその選定理由
　③追跡調査の手法，調査期間（頻度）など
　④追跡調査の結果
　⑤予測結果などとの比較と評価
　⑥追加的な環境保全措置の有無およびその内容

②追跡調査報告書の公開

追跡調査報告書の公開は，環境保全を確保するために極めて重要である.

公開の方法として，報告書の閲覧，パンフレットの配布，ホームページや企業の環境レポートなどがある.

コメント
■ 報告書作成の時期は，段階的（建設時，供用時），定期的（1年ごと）など，事業種に応じて行うことが多い.
■ 地域住民などに対しては，調査結果などを積極的に説明する場を設けることが望ましい.
■ 将来的な調査手法，予測手法，評価手法の技術的な向上のためには，調査・予測・評価結果と追跡調査結果の比較検討が重要である．そのため，追跡調査結果が集積されることが望ましい.

第7章　追跡調査

　　地方公共団体または他の事業者の調査データを活用する場合においては，引用元を明らかにする.

　　希少生物の生息・生育に関する情報については，必要に応じて種および場所を特定できない形で整理するなどの配慮を行う.

🔍**参考事例**

■追跡調査の完了時期は，地方公共団体の指導や技術指針に準じて設定し，設定期間終了後に特段の問題が生じていなければそのまま終了する例が多い.
■追跡調査結果は，おおむね年1回程度地方公共団体に報告する例が多い.
■評価書などにおいて追跡調査結果の公表について言及しているもののうち，公表が確認されないものが7割程度ある.
■環境保全措置の結果について公表が確認されたものは約1割にすぎない.

---

7. 追跡調査にかかわる多様な人たち

■事業者

- 追跡調査の実施主体であり，実務者の支援を受けつつ，追跡調査計画の作成から結果の報告，追加的な環境保全措置の実施まで，責任をもって実施する.
- 事業者は，得られた環境データを可能な限り公開し，地域の環境の向上に貢献していくことが望ましい.

■行政

- 事業者を手続き面，技術面において指導する.
- 関係者間における意見調整に積極的に関与する.

■専門家

- 自身のもつ専門的な環境情報を整理し，わかり易く，積極的に提供する.
- 広い見地から意見を言うよう心がけることが必要である.

■市民・NPO

- 事業および追跡調査の内容について理解するとともに，自身のもっている地域の環境情報を提供し，先入観をもたずに広い視野から意見を述べる.

■実務者

- 追跡調査計画の作成を支援し，調査を実施するとともに，調査結果の公表や追加的な環境保全措置を事業者に対して提案する.

コメント

■事業者の責任には，費用負担のみならず，市民や行政などとの連絡調整を組織的に実施できる体制を構築することも含まれる.
■事業者は，住民・NPOとの情報交流を通じて信頼関係の構築に努める必要がある.
■事業者は，工事や運用に際し，一定の権限をもった環境監理担当者を配置し，環境保全の確保に繋げる必要がある.
■住民などが監視活動に参加することにより，調査が確実に実施され，結果がより信頼されることがある.

🔍**参考事例**

■県が造成した工業団地に立地する廃棄物処理施設で，公共関与によって行政と事業者，住民間で協定を締結し，監視システムを構築している例がある.
- 県は，PFIや借地に際し，プロポーザル方式で提案内容を審査し，参加事業者を決定する. 県と事業者の間では，住民の自主的な監視活動を受け入れることを協定するとともに，関係者によって構成される監視委員会に参画して指導している.
- 事業者は，市民の立入受入，情報提供，環境測定への協力と監視活動の費用負担などを実施している.
- 地元住民は，3人一組が1年交代で監視員として委嘱を受け，任意の時間に予告なく監視している. また，事業者に対し年1回の報告会を求めるなど，施設への理解を進めている.

8．今後のあり方

■追跡調査計画のあり方
- 追跡調査の目的を十分認識し，具体的かつ十分検討し，計画するべきである．
- 追跡調査の信頼性を高めるためには，確実に追跡調査を実施する監理体制を構築しておくことが望ましい．

■調査の実施・評価・追加的な環境保全措置のあり方
- 追跡調査の期間が長期にわたり，評価方法や基準，環境保全措置に関する新しい知見が示された場合，それらを踏まえ再評価し，必要に応じて追加的な環境保全措置の検討を行う．

■追跡調査報告書の公表のあり方
- 住民などの関係者に広く周知されるとともに，電子縦覧の活用など多くの人がアクセスできる手段で公表されるべきである．
- 追跡調査報告書は，速やかに公表されるべきである．必要に応じて，調査結果を適時公表することも検討すべきである．

■調査データの公開・活用のあり方
- 情報の共有が重要であり，事業や環境に係るデータを参照できるシステムを構築し，活用できるようにすることが望ましい．

■関わる人のあり方
- 事業者は，追跡調査の目的や調査精度を確保しなければならない．そのため，工事中は「環境監理者」を選任することが望ましい．
- 行政は，市民や審査会などと十分なコミュニケーションが取れる人材と組織体制を確保するべきである．
- 市民・NPO は，自身の属する地域の望ましい環境について具体的イメージを確立するとともに，責任をもって積極的に意見を表明するべきである．
- 実務者は，常に最新の知見を入手し，それをもとに正確な資料をわかりやすく作成し，提供するべきである．

コメント
- 2011 年 4 月の環境影響評価法の改正により，環境影響評価法では事後調査についての結果の報告および公表が義務化された．
- 都道府県などが定めている環境影響評価に関する条例では事後調査についての計画策定，結果の報告および公表が規定されている．
- 自主的に行われている 2020 年東京オリンピック・パラリンピック競技大会にあたっての環境アセスメントでは，フォローアップとして，予測評価結果のモニタリング，対策の実施チェック・効果検証を行うこととしている．
- 事後調査，フォローアップなどの追跡調査を実施することにより，評価書に記載された事項の順守状況が明らかとなり，環境アセスメントの実効性が高まることが期待される．

第8章 情報交流

情報交流とは，環境アセスメントの様々な段階において，事業者が適切に情報を公開し，それに対して様々な人たちが情報を提供することにより，相互のやり取りをすることである．相互のやり取りを通じて，様々な人たちの有する環境情報が活用され，環境配慮がなされたより良い事業計画が実現する．このようなことから，情報交流は，環境アセスメントの重要な機能の一つとなっている．

1. 情報交流の意義とポイント

①意義

様々な人たちが有している環境に関する情報が，環境アセスメントの実施の中で交換・活用されることによって，固有の環境課題やそれに対して為された配慮方法が明らかになり，様々な人たちからの情報が，どのように環境配慮に活かされたのかを示すことができる．

このような適切な情報交流が行われることにより，事業への理解が深まる効果も期待され，より適切な環境保全の実現につながるだけでなく，事業者にとって環境配慮をアピールする場にもなる．

②効果的な情報交流のポイント

効果的に情報交流を実施するには，固有の環境課題を見いだせるよう，事業に関する情報をできる限り明らかにするとともに，地理的，組織的，関心事項からみて，関係の深い人々が情報交流に関われるようにする必要がある．

情報交流に参加している様々な人たちは，事業に関する情報をよく理解し，それぞれ関心のある環境の情報が参加者にわかりやすく伝わるようにする必要がある．

一方，事業者は，提供された情報を素直に受け止め，柔軟に対応する必要がある．

③実施にあたってのポイント

情報交流に際して，図8-1に示すように様々な情報を様々な関係者とやりとりを行う．この際のポイントとしては，次のよ

コメント

より良い情報交流のために，事業者による積極的な早め早めの情報発信とわかりやすい資料作成が重要である．そのため，できる限り早い段階で，様々な人たちから提供された環境に関する情報などに柔軟に対応し，より適切な環境保全対策を事業計画に組み込んでいくことが重要である．

情報交流を進める中で，特定の環境課題（地域課題や特定分野）が抽出された場合は，それに関係の深い人々とより深く情報交流することが効果的であり，事業の環境影響，または，環境保全対策の効果をイメージするため，類似の事例を見学することも有効である．

相手の主張を理解する努力をしつつ，お互いに無理な要望や注文に陥らないように，留意して進めることが重要である．このためにも，最初の段階で地域の行政を含めて関係者間の信頼を築くことが重要である．

うなことがあげられる．

　まず，事業の計画段階や環境アセスメント実施内容の設計段階，調査・評価がある程度まとまった段階などにおいて，事業者が事業の内容や環境への影響の情報をまとめ，公表・周知する．公表・周知は文書の縦覧が中心だが，説明会やインターネットなども活用される．

　様々な人たちは，事業者の発信する情報をうまく捕捉し，事業に関する情報をよく理解するように心がけ，段階に応じて適切に情報を提供する．情報を提供するためには，日ごろから関心をもって環境に関する情報を集め，情報提供できるよう，情報交流の機会を活用することが重要である．

　また，情報の提供が一方向で終わることがないよう，相互のやり取りに努めることが重要である．

図8-1　環境アセスメントの流れと情報交流

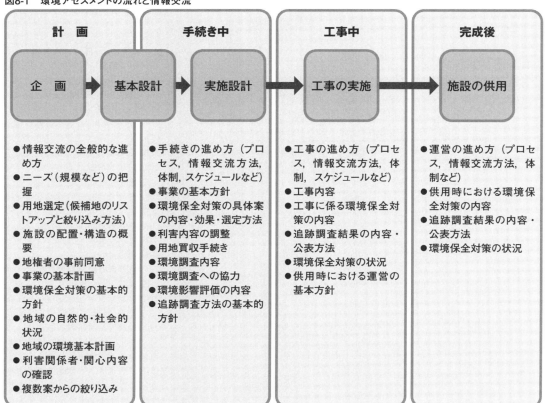

2．環境アセスメントの各段階における情報交流

① 事業の計画段階

①情報交流のねらい

　事業計画が固まる前の段階において，重大な環境影響を回避するための情報を早期に把握することにある．早い段階で事業計画への様々な人たちの期待や不安などを知ることが可能で，柔軟に様々な人たちの意見を反映した，より適切な環境配慮を組み込むことができる．

②情報の内容

〈事業者からの情報〉

　事業に関する情報としては，事業の目的（検討の経緯を含む）や事業計画に関する基本的な情報（この段階で決まっている内容と検討可能な内容として，複数案の提示，今後のスケジュール，公表方法と情報交流の方針など）があげられる．

　環境に関する情報としては，社会環境・自然環境の概況や自治体の環境計画（環境管理計画）と事業との関係などがあげられる．

〈様々な人たちからの情報〉

　地域の人々，行政担当者，専門家などからは，自然，文化，風土，歴史・伝統，愛着，誇りなどといった地域固有の情報を提供することがあげられる．

③情報交流の進め方

　情報交流を進めるに際しては，事業者の役割が重要である．丁寧な事前準備が必要であり，事業者は情報交流窓口を設置するとともに，公的施設における縦覧やインターネットへの掲載が中心であるものの，直接対話する説明会など事業計画の熟度に応じた情報交流方法について立案する必要がある．

コメント

　事業に関する基本的に提供する情報として，計画の熟度・段階に応じて次のようなものを検討する．

1）位置，規模などが決まっていない構想段階

　事業の目的を達成するために必要な要素が何かという情報を提供する．例えば，線的事業であれば，起終点や経由地などがあげられる．

2）おおむねの位置，規模などが示される計画段階

　設定された事業の位置，規模などに係る複数案について，検討に際して考慮した経済性や社会性に加え，環境に関する内容を示すことがあげられる．

　ただし，次の点に留意する必要がある．

　構想や計画の段階であって，詳細については未定であることから，情報交流の中身としては，重大な環境影響の回避を主たる内容とし，個別具体の内容については次の段階で対応することとなる．

　最初の段階においては，お互いの信頼を築くことが重要となる．そのため，事業者は，計画の内容について柔軟かつ真摯に情報提供することが重要である．また，事業者は当該地域の課題や関心を有する人たちについて予め把握しておく必要がある．

　一方，様々な人たちは，地域固有の情報を提供できるよう，自分たちの地域について理解を深め，それを発信できるよう準備しておく必要がある．

　地域の行政は，事業者と様々な人たちの間の信頼が築けるよう，双方を支援することが重要である．

　情報交流を深める方法としては，より深い情報交流のために，できる限り多くの市民の目に触れるよう，環境アセスメント図書の縦覧期間にとらわれない周知・広報の実施や，意見・問合わせの受付窓口の設置が考えられる．

　コミュニケーションを深める方法として，参加者同士の体験共有，意見表出・集約を行うワークショップのほか，市民討論会なども活用でき，時間・場所にとらわれず，双方向性の情報発信・収集が可能な方式（SNSなど）の活用も考えられる．

❷ 環境アセスメントの設計段階

①情報交流のねらい

環境アセスメントの設計段階では，具体の事業計画における環境配慮の検討に必要な，調査予測につながる地域固有の情報を把握し，それらの情報を取り込むことによってメリハリの効いた調査・予測計画を設計することにある．

②情報の内容

〈事業者からの情報〉

事業に関する情報としては，事業計画の検討の経緯（これまでの環境配慮の検討経緯を含む）や，具体的な事業計画の内容・プロセスが含まれる．

環境に関する情報としては，検討の経緯を踏まえて把握した重要な社会環境・自然環境の概略や，調査・予測の項目及び手法を採用するに至った考え方があげられる．

〈様々な人たちからの情報〉

様々な人たちが見知っている個別具体の環境情報のほか，予想される環境影響に関する情報についても提供することが求められる．

③情報交流の進め方

事業者は，情報交流のための窓口を設置するとともに，必要となる調査・予測項目及び手法に焦点があたるように効果的な情報交流を行うための方法について立案する必要がある．

---

❸ 環境アセスメントの実施段階

①情報交流のねらい

環境アセスメントの実施段階では，調査・予測・評価の結果及び環境保全対策の内容が様々な人たちの関心・懸念に応えているか否かを確認することにある．

②情報の内容

〈事業者からの情報〉

事業者が提供する事業に関する情報としては，これまでの環境配慮の検討の経緯を含む事業計画の検討経緯を示すとともに，予測結果を踏まえた環境保全対策が組み込まれた事業計画を示す必要がある．

環境に関する情報としては，調査・予測・評価及び環境保全対策の検討結果のほかに，追跡調査に関する計画も示す必要がある．

また，情報交流の経緯に関する情報として，様々な人たちからの意見とそれに対する事業者の見解も示す必要がある．

〈様々な人たちからの情報〉

様々な人たちは，事業者が示した調査・予測結果を含め，環

コメント

事業計画が固まる前の段階で情報交流した内容を反映しているか検証するとともに，具体的な事業計画（位置，規模，配置，構造）を立案するにあたって，どのような環境配慮を行ったのかを具体的に明記することが重要である．

ただし，次の点に留意する必要がある．

懸念される環境影響に対応した適切な調査・予測項目および手法が選定されるようにするのは当然だが，前段階で築かれた信頼関係を継続することの重要性を考慮して，事業に対する関心・懸念を踏まえた調査・予測項目および手法に関する意見をできるだけ網羅するよう配慮する必要がある．そのため，幅広く様々な人たちとの情報交流を目指した周知を図る必要がある．

情報交流方法として，調査・予測項目および手法に焦点があたるような計画書を作成するとともに，説明会や概要書などでわかりやすく説明することが重要である．同時に，情報交流に係る今後のスケジュールについても，明らかにしておく必要がある．

コメント

環境アセスメントの実施前の段階までに情報交流した内容が反映されているか検証する必要がある．その際には，環境保全対策を組み込んだ事業計画が定まるまでに，どのような検討を行ったのかを具体的に明記することが重要となる．

ただし，次の点に留意する必要がある．

前段階で築かれた信頼関係を継続することの重要性を考慮して，これまでの情報交流を踏まえた環境保全対策が検討され，これらが組み込まれた事業計画であることをわかりやすく提示する必要がある．

事業に対する関心・懸念をもつ様々な人たちとの情報交流ができるよう，広く周知を図ることが必要である．そのため，採用された環境保全対策が十分理解されるように，説明会や概要書などでわかりやすく説明する．ま

境保全対策が十分かどうかに関する意見を提供する必要がある.

③情報交流の進め方

事業者は，情報交流のための窓口を設置するとともに，調査・予測・評価を含めた環境保全対策の検討結果，追跡調査計画に焦点があたるような情報交流を行うための方法について立案する.

④ 事業の実施・供用段階

①情報交流のねらい

事業の実施・供用段階における情報交流においては，環境保全対策が，想定した効果を発揮しているかどうかを確認することにある.

②情報の内容
〈事業者からの情報〉

事業の進捗状況として，工事の実施や供用の開始に伴う環境の状況やこれらを踏まえ，必要に応じて追加した環境保全対策について，適宜公表する.

工事終了後など適切な段階において追跡調査の結果に関するとりまとめを公表することも必要である.
〈様々な人たちからの情報〉

様々な人たちは，事業者が公表した情報を受け，環境保全対策の効果の状況に関する意見を述べる必要がある.

③情報交流の進め方

工事業者や管理者を含めた事業者総体の，現場における情報交流窓口を設置するとともに，適宜の情報交流が可能となるように配慮する.

3. 情報交流に関わる人々

① 事業者
①情報交流の心構え

地域に受け入れられるような，より良い事業計画をつくるために，環境アセスメントで担保されている情報交流をうまく使いこなすという発想が重要である.そのため，様々な人たちの事業に対する理解が進むように，積極的に双方向の情報交流を図る必要がある.

②情報交流の進め方

環境アセスメントの段階にかかわらず積極的，継続的に情報

コメント

た，追跡調査結果の公表の方法とそれに伴う情報交流の方針についても明らかにしておく必要がある.

コメント

次の点に留意して情報交流する必要がある.

前段階で策定した追跡調査計画に沿って必要な追跡調査を実施することが基本だが，調査結果を踏まえて必要に応じて環境保全対策を追加するとともに，追跡調査計画を適宜柔軟に変更することが求められる.

情報の公表は，工事の区切りがついたときなど，様々な節目で適宜行うことが重要である.ただし，動植物など環境保全対策の効果が明らかになるまでに長期間を要する場合は，必要に応じて長期のモニタリングを計画することになる.

追跡調査結果をとりまとめるに当たっては，前段階での評価結果を参照しつつ，実施した環境保全対策の効果の程度を明らかにすることが重要である.

コメント

情報交流の前段階として必要に応じて専門家，学識者（野鳥の会など地元の情報を有する会などを含む）へ聞き取りを実施することが効果的で効率的である.

第8章　情報交流

提供を行うことが基本である．その上で各段階に応じて適切な情報を十分に提供する．そのためにも，様々な人たちからの意見や問合せの窓口を常時設けることが望まれる．

また，義務としての説明会にとどまらず，必要に応じて課題となっているテーマについてグループ懇談などを行うことが効果的である．

これらによって集められた様々な人たちからの環境配慮を深める提案に前向きに取り組み，より良い事業につなげる必要がある．

❷ 行政

①情報交流の心構え

行政担当者としての専門性について自覚をもつことが必要である．そのため，常に環境情報を収集し，効率的・効果的な環境アセスメントが実施できるように環境情報の提供に努めるとともに，情報交流が有効に機能するよう，様々な人たちに対してアセス制度の理解促進に努める必要がある．

事業者と様々な人たちの考え方の理解に努め，必要があれば情報交流の橋渡しをするとともに，情報交流により得られた情報を考慮して，地域環境の保全を担う行政としての専門的見地から首長意見の形成に努めることが必要である．

②情報交流の進め方

過去における事例の紹介を含め，様々なメディアを使って環境情報の提供を行う．この際，他の自治体での情報交流の事例も参考になる．

また，行政として事業者や様々な人たちの意見を聞く機会（公聴会など）を設けるとともに，条例などに位置づけられている審査会などの意見を聴く必要がある．この際，公平な立場で様々な人たちの意見を聴くことを心がける必要がある．

❸ 専門家・学識者

①情報交流の心構え

専門家や学識者は，事業計画に環境配慮を組み込むという環境アセスメントの機能・役割が実現するよう，学術的興味に引きずられることなく，専門的知見を提供することに留意する必要がある．特に，自身の専門分野だけでなく，環境全体の広い視野を意識することが重要である．

そのため，個々の事業に対しては，事業特性や地域特性をよく理解し，それに即して科学的・技術的な観点から意見を述べるとともに，より良い情報交流の実現に資するよう，調査・予測・評価結果を客観的にわかり易く示す手法について開発・改良を進める必要がある．

また，環境アセスメントに対する正しい知識・判断力をもつ人が育つ社会の実現を図るよう務める必要がある．

②情報交流の進め方

専門家や学識者は，事業者の求めに応じて，アセス図書の作成に対し助言や知見の提供を行うとともに，市民からの求めに応じて，助言や知見を提供し，行政からの求めに応じて審査会において意見を述べることになる．

専門家は，一市民としての立場から，必要に

応じ，専門的見地からの意見を提出する．また，事業者や市民・NGO から意見を聴くことが必要となることがある．

❹ 実務者（アセス図書を作成する人）

①情報交流の心構え

　環境アセスメントを効果的，効率的に実施する上で，情報交流が極めて重要であること，また，実務者自身が，情報交流の潤滑油的な役割を担えることを事業者に認識してもらい，積極的にその役割を果たす必要がある．

　個々の案件においては，どのようなステークホルダーが存在するのかを的確に把握し，情報交流に有効に活かすことが重要である．

②情報交流の進め方

　事業計画の検討熟度に合せて，様々な意見を取り入れて情報交流をすべき論点を見極め，情報交流の内容を事業者に対して提案する．一方，様々な人たちに対する円滑な情報交流を進めるため，まとめられた課題や論点を市民・NGO に提示してやり取りし，その結果を整理し，その事業にふさわしい情報提供，情報収集の方法を事業者に対して提案する．

　論点が煮詰まるまで上記を繰り返し，その結果を，アセス図書にまとめ，行政の審査に臨む必要がある．

❺ 市民・NGO

①情報交流の心構え

　市民や NGO の方々は，日頃から関心のある環境情報の把握に努め，効果的に情報提供ができるようにする必要がある．

　また，市民・NGO 内部・相互でお互いの考えを理解する意識をもつことが必要であり，より良い地域を形成するために，サイレントマジョリティにならないように，積極的に情報発信をする姿勢が大事である．ただし，事業の賛成反対を述べることが本旨ではない．利害関係を主張する前に，私情に流されず，先ず相手の話の内容を聞き取ることが大事といえる．

②情報交流の進め方

　市民や NGO の方々は，事業者の窓口や説明会，行政の担当部局の情報を積極的に把握する必要がある．特に，自治体が市民の意見を聴く場（公聴会など）があれば，その活用を考える．得られた情報を元に，アセス図書をよく読んだうえで，相手にわかるように伝えるべき情報を的確に整理し，提供する必要がある．

　また，自治体の審査会などを傍聴したり議事録を閲覧したりして，どのように環境アセスメントが進んでいるかを確かめる必要がある．

コメント
　コミュニケーションを深めるうえで，中立的な立場のファシリテーターが多様な参加者の発言を促し，議論の流れを整理し，参加者の相互理解を促進させるファシリテーションが有効である．

コメント
　自分の関心がある事項以外の情報も含めて，全体を把握することが重要である．

第8章　情報交流

❻ 情報交流に関わる人々の相互関係

①対立仲裁？合意形成？

　環境アセスメントは，基本的に対立の仲裁や合意の形成を直接図る場ではなく，情報交流を通じてより良い環境保全対策を事業計画に取り入れていく仕組みである．そのため，情報交流は，事業者が前向きに環境保全を実施できるように，関係する人たちが情報をやりとりすることで相互理解を深めるプロセスでもある．環境アセスメントは，対立仲裁や合意形成にも寄与するが，これらは他の制度によって位置づけられている．

　このような情報交流は，関わる人々それぞれの間で，様々な場面で生じる．それぞれの場面で交流の方法を工夫し，良い関係を築くことが重要といえる．

②情報交流の局面

　情報交流の局面としては，次のようなものがあり，括弧内に示したような目的を認識してやり方を工夫する必要がある．
- 事業者－行政（審査），事業者－専門家（専門的な知見提供），事業者－実務者（アセス図書作成に係る技術），事業者－市民・NGO（説明会，意見書提出）
- 行政－専門家（審査会），行政－実務者（実務的調整），行政－市民・NGO（公聴会，環境情報の提供）
- 専門家－実務者（専門的知見の実務的調整），専門家－市民・NGO（勉強会，専門的知見の相談）
- 実務者－市民・NGO（コミュニケーションの実務）

コメント

　環境アセスメント学会では，研究発表大会，セミナー，サロン会，各種部会，キャラバン講習会などにより，幅広い知見に触れることができる．

　実務者にとっては，事例として発表・討議し，知見の共有化を図ることができ，実務を進める上で効果的である．

　市民・NGO にとっては，わからないことを，当学会の専門家などに相談することができ，奨励される．

4. 情報交流の場

❶ 様々な機会

①公告縦覧と説明会，公聴会などの開催

　アセス図書は，事業者の施設・公共施設などで公告縦覧され，また，電子縦覧も行われる．これにより，様々な人たちが環境アセスメントに関する情報を知ることができる．

　公告縦覧の期間中には，アセス図書に関する説明会が開催される．これにより，直接，事業者と市民・NGO が対話できる．さらに，自治体によっては，市民から直接意見を聴くために，公聴会を設ける場合がある．なお，公告縦覧を行うにあたっては，できる限り多くの人の目に触れるような周知・広報が重要であり，説明会の場では，情報交流が効果的に行われるよう，適切な進行役を登用することが重要である．

②意見書の提出とそれに対する見解書の作成

　環境保全の見地から意見をもつ人は，意見提出期間内にアセス図書に対する意見を述べることができる．事業者は，これらの提出された意見に対して，見解をとりまとめ，自治体に提出する．

　自治体は，意見と見解書，公聴会での意見などを資料とし，審査会に諮りつつ，アセス図書を審査し，首長意見を形成する．

③情報交流を有効なものとする場（制度としての位置づけなし）

　事業者は，アセス図書の公告縦覧期間に関わらず，市民からの意見や問い合わせを受け付ける窓口を設けることが望まれる．

　事業者や市民，自治体などは，専門家や学識者（野鳥の会など地元の情報を有する者などを含む）に，地域の環境についてヒアリングし，情報を活用する．

　事業者が作成する環境報告書（CSR報告書）などで，事業者は事業に対する姿勢をアピールしたり，市民はそれを把握することができる．

　また，市民が報告書に対するコメントを出すことにより，環境に関する事業者との情報交流の一環とすることができる．

　様々な人たちは，自治体が作成する環境基本計画などに対して，その作成過程で積極的に関与することで，地域の環境の価値を明らかにすることができる．事業者は，こうした情報を得ることにより，環境に配慮した事業計画の作成に取り組むことができる．

❷ より積極的な機会の創出

　より積極的な情報交流の機会を創出するものとして，以下の手法を用いることが効果的である．

- ●参加者同士の体験共有，意見表出，意見集約などのほか，コミュニケーションを深める方法として，ワークショップ，市民討論会などがある．
- ●特定の場所などで情報を公開することにより，周知とともに様々な意見を収集・交換する方法として，オープンハウスがある．
- ●特に利害関係の深い人を対象に，類似の事例を見て事業に対する理解を深める方法として，見学会があげられる．
- ●目的に応じ，専門家や市民・NGOを対象に意見を収集する方法として，アンケートがある．また，アンケート内容をHPなどに掲載し，様々な人たちから意見を収集することもできる．
- ●スマートフォンなどの普及に伴い，ICT（情報通信技術）を活用した情報の発信・収集が有効となる．このような双方向性のある情報交流が可能なシステムを利用することが重要である．

コメント

（情報交流を円滑に進めるための留意点）

1) 効率的話し合いの方法

　話し合いは，賛否の結論だけを導くのではなく，共通の結論を得るための集団の意思決定に至る方法のひとつである．なお，効率的な話し合いをするためには，会議の前に話し合いのルールを決める必要がある．

2) ファシリテーション

　合意形成や相互理解がなされるよう，中立的な立場から話し合いをサポートすることにより，参加者の発言の活性化，協働を促進させる手法をファシリテーションという．また，このような行為を行うものをファシリテーターという．ファシリテーターは，発言の機会を促したり，話の流れを整理したりする．

3) 傾聴の技法

　傾聴とは自分の訊きたいことを訊くのではなく，相手が伝えたいことを丁寧に聴きとり，相手への理解を深める聴き方である．傾聴によって，相手との信頼関係を構築でき，相互に納得のいく結論に到達できることを目指して話合いを進めていく第一歩となる．相手の話を遮らない，相手の意見を否定しないことなどが重要である．

5. 情報交流に係る課題

①社会の状況

　情報を公開し，共有することの必要性について，わが国においても認識が深まっているが，いまだ「寝た子を起こしたくない」と考える事業者も多く存在し，情報交流の進展には課題が多く残されている．

　一方，市民・NGO の側においても，情報の収集・把握や適切な情報提供がうまくできていない面があり，良い情報交流につながっていない．

②交流する情報の中身と方法について

　限られた時間の中で，効果的に情報交流を行うためには，提供される情報の中身と方法が重要である．

　事業者からは，様々な人たちが納得してもらえるような内容の情報を理解が効果的に進む方法で提示することが重要である．一方，市民などからは，もっている情報を整理し，賛成反対ではなく，伝えたいポイントがわかるような方法で提供することが重要である．さらに，専門家は，事業者や市民・NGO から提供された情報について，科学的視点から，その内容を検証することが重要となる．

　なお，情報の中身に応じて，それを公表するタイミングを上手く計ることが重要である．

③関係者の信頼関係について

　情報交流が実を結ぶためには，関係者間の信頼関係の醸成が重要である．そのため，限られた時間の中で信頼関係を築けるよう，お互いの立場を尊重し，素直な態度で交流に臨むことや，相手の主張を理解する努力をしつつ，お互いに無理な要望や注文に陥らないように，配意して進めることが重要である．このように，直接話をする場においては，感情的にならずに実質的な議論を行うことが重要である．

　なお，環境アセスメントの手続きかどうかにかかわらず，普段から地域との交流を深めておくことにより，信頼醸成が円滑に行われることが期待できる．

コメント
　提供される情報の中身と方法について，事業者も市民・NGO も参照できるように，既存事例が整理され，活用される必要がある．この面で，行政や環境アセスメント学会などの貢献が待たれる．

第9章 審査会

　環境アセスメントの審査会とは，地方条例などによって，環境アセスメントに関する首長の諮問機関として位置づけられた機関で，環境アセスメントのいくつかのフェーズにおいて，科学的・技術的観点から意見をとりまとめて答申することになっており，委員は，環境アセスメント制度をよく理解した，評価項目に応じた専門分野の委員が主体となっている．

　審査は，原則的に，技術指針などに基づき，関係者がそれぞれの役割を果しつつ，効率的に行い，審査会そのもの，各種資料などは，一部を除き公開される．

　なお，名称は，地方公共団体によって，環境アセスメント審査会又は環境アセスメント審議会とつけられている．

1. 環境アセスメント審査会の役割と位置づけ

①首長の諮問機関

　審査会（または審議会）は，地方公共団体の条例や要綱で，首長が意見形成に際して意見を聴くための機関と位置づけられている．

　首長は意見形成にあたっては，審査会の答申を尊重することとされている．

　審査会の委員には，関連する分野の学識経験者や有識者，市民などが任命されている．

　審査会には，より客観性・透明性・専門性のある意見形成に寄与することが期待され，審査会の運営は，会長の下に行政の事務局（環境部局など）が実務を行っている．

②環境アセスメントの各段階における審査

　環境アセスメントの手続きの中で，環境アセスメントの進め方，環境アセスメントの内容，フォローアップなどを審査し，意見を述べる．

　環境アセスメントの手続きは，審査会の意見を踏まえて，次の段階に進む．

③科学的・技術的観点から審査・助言

　審査にあたっては，技術指針に照らし，①環境要素ごとの科学的・技術的な妥当性，②環境保全措置などの妥当性，③環境管理計画との整合性などのチェックを行い現地を視察し，地域の特性を把握して，審査に反映する．

　首長による技術指針の作成および改定に対し科学的・技術的観点から助言する．

④意見のとりまとめ・答申

　意見のとりまとめにあたっては，特に重要と考えられる課題に絞り込んで集中的に審議したり，地域特性を考慮するため地域の専門家やNGOの知識を活用するなどの方法がとられることもある．

　審査会で出された議論の結果を取りまとめ，首長に答申し，答申の内容は，首長意見に反映される．

第9章　審査会

図9-1　審査会の役割と位置づけ

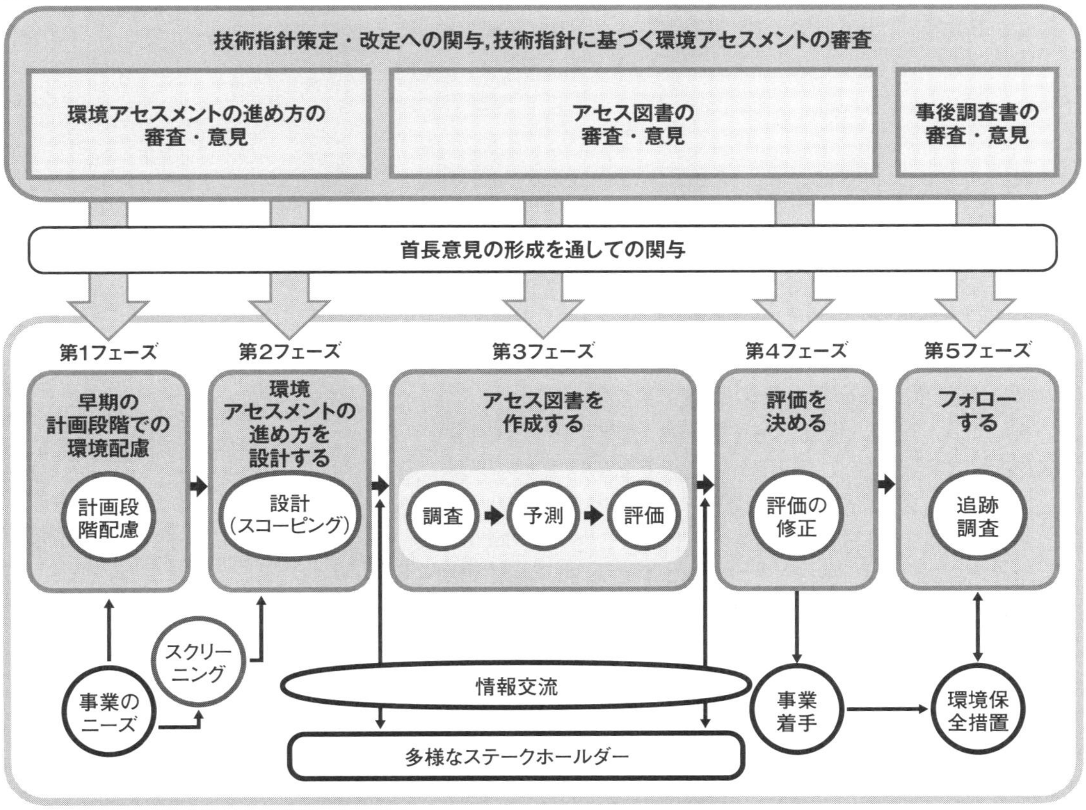

2. 審査会の委員

❶ 委員構成

①委員の構成状況

　審査会の委員は，環境要素を踏まえつつ，地域の特性に対応して選考されている．委員の大部分は，学識者・有識者で，市民・NGO団体などが委員となっている地方公共団体もある．

専門分野の例

●生活環境	●生物・生態系	●景観,自然との触合い
●環境への負荷	●電波,日照,風など	●社会科学
●その他(市民代表など)		

コメント
- ■委員の専門分野の構成は，環境要素をできるだけ網羅できるように考えることが原則であるが，全体構成人数を考慮しつつ，適切な審査議論ができるような人選となるよう配慮する必要がある．
- ■市民や市民団体，NGOが委員となることは，市民目線での審査が期待できる．
- ■委員選任にあたっては，環境アセスメントに係る経験が重視され

②選考の考慮事項

地方公共団体は次のような事項を考慮して委員を選考している.

- ●実務または研究の経歴
- ●環境アセスメントの講座担当の経験
- ●環境アセスメントのステークホルダーの経験

2 委員に求められる資質

① 環境アセスメントに関する理解

多くの地方公共団体では，環境アセスメントの評価項目に応じた専門分野の委員が主体となっているが，委員はアセス制度ができた歴史的背景，法，条例の内容についてよく理解しておくことが肝要である.

環境アセスメント学会では，アセス制度や技術動向を話題としていることから，環境アセスメント学会の会員になることにより，効果的に最新の情報を入手することができる.

行政（事務局）は，委嘱した委員に対しアセス制度について事前に十分な説明を行うことが重要である.

② 専門分野に関する研鑽とその反映

調査，予測，評価，環境保全措置の考え方を定めた技術指針の内容を理解するとともに，専門分野に係る最新の知見を把握することが必要で，最新の知見を技術指針に反映するよう働きかけるとともに，最新の知見による調査，予測，評価を主張する場合は，方法書などの早期の段階で行うことが重要である. また，専門外の委員などにも理解できるよう説明する必要がある.

③ 専門外の分野に係る対応

専門外の分野に関することであっても，環境アセスメントの本来の目的について理解した上で，その目的を達成しているか否かの観点から審査に加わることが重要である.

3 審査会の委員の選任方法

①専門家の選任方法

専門家は，事務局が作成するリストから選任されていて，一般的に公募は行われていない.

多くの地方公共団体では，規制行政との整合性を図る必要があることから，専門分野別に規制部署にリストアップを依頼するか，意見を聴いて選任している.

なお，任期途中で委員が交代することが生じた場合などは，前任者に後任者の推薦をお願いする場合がある.

②一般公募

市民を一般公募で選任している地方公共団体があるが，採用方法として論文審査や面接が行われている場合がある. その際には，環境アセスメントに対する理解力や地域の環境に関する意識の高さを判断することが重要である.

ている状況ではないが，経歴は重要な要素となっている.
- ■女性委員の積極的な登用が行われている.

コメント
- ■環境アセスメント審査会の委員として数回審査を経験しただけで，自然と環境アセスメントの専門家になるわけではない. 委員は，普段から環境アセスメントの動向を追いかけるなど，環境アセスメントの本質を理解した上で，環境アセスメントの専門家としての自覚をもって対処することが必要である.
- ■行政（事務局）側は環境アセスメントに関する動向を委員に情報提供するよう努めることが重要である.
- ■公平な立場での意見が必要であり，環境保全の見地，安全原則などを踏まえて意見を述べることが求められる. 過去の職業経験などを基にした偏った意見に固執することは避け，バランス感覚をもつことが重要である.

③その他の委員

専門家や一般公募以外の委員として，条例などで決められている推薦母体の団体などから推薦を受けて選出する地方公共団体もある．

④**会長の選任**

委員の互選によると定められている地方公共団体が多い．

> 🔍 **参考事例**
>
> ■特徴的な委員
> ○地域の環境情報の専門家として，中学・高校の教員が委員となっている場合がある．また，環境カウンセラーを専門家として複数選任している例もある．
> ○事業者団体の代表が相当数委員となっている場合がある．また，複数の環境保護団体から順番制で委員を選任している例もある．
> ○当該地方公共団体の議員や関係行政機関の長が委員となっている場合もある．

⑤**任期**

通常，審査会の委員についてはその任期（2・3年など）が定められており，任期満了後の再任について制限（回数または年齢）を設けている地方公共団体がある．

なお，委員は一斉に交替することはなく，新任の委員と再任の委員を混在させ，審査の継続性を確保することが通例である．

コメント
■委員の任期は，委員の経験値を高めつつ弾力性を確保する観点から検討することが適当であるが，長期の在任による馴れ合いや偏った惰性に陥らないように配慮することも重要である．
■地域の事情によって専門家の確保が困難な場合には，環境アセスメント学会の専門家データベースなどを活用して人材確保を図ることが考えられる．

3. 審査会の運営方法

❶ 開催時期・審査回数

①開催時期

主に環境アセスメント案件があるときに開催される．

技術指針の改定，その他首長からの諮問に応じて，会長が会議を招集する．

②審査回数

アセス法，アセス条例により，首長が事業者に対して意見を出さなければならない期限が規定されている．これにより，審査会が首長へ答申すべき時期も決まるため，その時期までに審査が終了するよう審査会の開催が予定される．廃棄物処理施設や自然環境豊かな地域での案件など，慎重な審査が必要な場合，審査回数が増える傾向にある．

> 🔍 **参考事例**
>
> ■開催頻度の多い例
> ○全体会のほか2つの分科会を毎月1回づつ，延べ3回を毎月定期的に開催している．
>
> ■開催回数の多い例
> ○審査会を方法書7回，準備書15回開催した例もある（工場建設事業）．
> ○部会や小委員会を含め，15回という事例が複数ある（都市計画事業，リサイクル事業）．

❷ 審査内容

①アセス図書などの内容把握

審査会委員は審査会開催までに送付されるアセス図書の内容をできる限り把握する.

審査会の会場で，その内容について説明や質疑応答が行われる.

その方法として，事業者が直接行う方法と事務局が事業者に代わり行う方法がある. また，現地の状況を把握するための現地視察も行われている.

②審査の内容

審査会委員は，地方公共団体が定めた環境アセスメント技術指針に照らしつつ，調査・予測方法，環境影響の程度，保全措置などの妥当性について専門的・技術的な見地から審査し，アセス図書などに対し意見を述べる.

③審査の方式

通常は，審査会において審査が行われる.

ただし，想定される環境影響が重大，広範な場合や，効率的な審査を行う必要がある場合などには，審査会での審査に先立ち，委員を絞った小委員会などを置いて検討を行うことがある.

コメント

■委員意見の均等な聴取の重要性

審査会会長，小委員会委員長には，特定の委員による意見の偏りが出ないよう，議事進行の配慮が求められ，また，必要に応じて，電子メールなどを活用した意見交換も有効である.

■逸脱した議論への対応

審査会会長，小委員会委員長は，審査会の設置目的に照らして，その範囲や審査の段階に相応しくない意見に対しては，その旨を指摘する必要があると考える.

■専門以外に対する意見の聴取

各委員の専門とは関係のない，自由な立場からの環境の保全に関する意見についても，審査会意見形成の参考にすることが望ましいと考えられる.

🔍 **参考事例**

■専門委員会，分科会，小委員会などを活用している事例
○特殊な案件に対応できるようにするための専門部会を設置できるようにしている地方公共団体は多い.
○手続きの段階などに応じ，関連する専門分野の委員による小委員会を設けて，集中的に審査し，その結果を答申に反映させるなどの例がある.

○件数の多い地方公共団体では，審査の効率を上げるために，同じような委員構成の部会を2つ設けている場合がある. この場合，部会の審査結果を総会での答申に反映させる方法，総会を行わず部会報告を審査会答申とする方法をとっている.

---

❸ 関係者の役割

①会長の役割

会長は，審査会に付託された案件に対し期限内に意見を取りまとめる責任がある.

その際，特定の意見に偏ることのないよう，また，過度に子細な技術要素に囚われることのないように注意し，案件の内容を十分に理解した上で，大局的な見地から意見の取りまとめを行う必要がある.

②審査委員の役割

会長の議事進行が円滑に進むように協力する必要があるが，このためには審査会開催前からアセス図書などの把握に努め，審査会においては簡潔に案件に関係する意見を述べることが求められる.

③事務局の役割

審査会の日程調整，設営，資料の作成などの基礎的な作業を

コメント

■審査会意見の形成

事業者に対して，事業者の責任で対応しえないような意見を出すことは，審議会意見として相応しくない.

■事業者の対応

審査会委員からの指摘に対して，「（調査を追加します，など）不足を補います」的な説明は，説明にならない. どのような考え方に基づき調査・予測などを行おうとしているのか，あるいは行ったのか，十分に説明することが求められる.

第9章　審査会

行い，資料作成にあたっては事業者との必要な調整を行う．

また，会議の進行については，会長の議事進行を補佐する．

事務局が審査会委員に対して案件の説明・質疑応答を行う場合もある．

④事業者の役割

きちんとしたアセス図書を出し，審査会が求める追加資料を迅速に提出する．提出した図書や資料などについてはわかりやすく説明し，特に，環境保全措置の考え方については丁寧に説明する必要がある．

⑤実務者（コンサルタント）の役割

上記の事業者の役割が果たされるよう，客観性，信頼性，専門性を確保しつつ，コンサルティングサービスを提供する．

🔍 **参考事例**

■会長と事務局，各委員などがうまく連携（コミュニケーション）をとって運営している事例
○公聴会に審査会委員が出席し，直接住民などとの意見を聴く場が設けられている例がある．

○各委員に，意見を事前にインターネット経由で提出してもらい，事務局が課題別の一覧表にまとめ，審査会で一覧表をもとに審査している例もある．

---

❹ アセス図書の審査方法

①アセス図書の技術的審査

アセス図書の技術的な審査は，原則的に，基本的事項や技術指針などに基づいて行う．

配慮書については，位置・規模・構造などにおいて環境への配慮が適正になされているか審査する．

方法書については，主に，影響要素，調査・予測・評価手法の適切性を審査する．

準備書については，主に，調査結果，予測結果（予測条件，適用範囲などを含む），影響評価および環境保全措置の妥当性を審査する．

なお，提出されるアセス図書の体裁や抜けなどについては，通常，事前に事務局がチェックしている．

②最新知見の活用

案件によっては，技術指針にはまだ位置づけられていない最新の技術や知見に基づき議論される場合がある．このような場合には，必ずしも技術指針に捉われず，最新の知見の活用も求められている．

コメント

■事務局の対応
　アセス図書案は事前に事務局へ提出され，事務局は技術的，文書的なチェックを行い，事業者に必要な指摘を行う．この修正過程を経て，アセス図書が受理されるなど事務局には高い技術的能力が必要とされる．

■大局的見地からの指摘
　審査委員の指摘の中には，その重要度を計りかねる場合や，特定の専門事項についての趣味的な掘り下げに終始する場合など，事務局および事業者が苦慮する場合がある．アセスの審査においては，当該事業の環境影響を予測評価する観点から，大局的な見地で指摘することが重要である．

■住民などの意見に対する事業者見解のチェック
　意見に対して適切に見解が出されているかをチェックすることが必要である．

---

4. 審査会の公開と広報

①審査会の公開の考え方

審査会の公開は，会議そのもの，委員名，議事録／議事概要

コメント

■環境アセスメント手続きの進行経

その他資料などが対象に考えられる．条例（一般的審議会条例など）や規則あるいは審査会運営要綱などに基づき公開の考え方が定められている．また，審査会の開催などについて，広報が行われている．

②会議そのものの公開

記者を含む申込者が会議を傍聴できる場合がほとんどである．映像撮影については，会議冒頭のみ許される場合がほとんどであるが，会議終了まですべて認められる場合もある．

③委員名の公開

委員名について，名簿として公開されている場合がほとんどであるが，議事録を参照することにより確認できる場合もある．

④議事録／議事要旨その他資料の公開

発言者名を明記した議事録などが公開される場合と，発言者名が記載されていない議事録などのみが公開される場合がある．審査会の決議により，議事録などの全部または一部が非公開にされる場合があり，例えば，貴重種の生息場所などについては，非公開とする必要がある．

それ以外の会議資料の扱いは，地方公共団体により様々である．

過を住民に理解してもらう上で，審査会の公開は重要な課題であり，原則として公開することが望まれる．

■一方，賛否がもめていて，審査会委員に外部から好ましくない圧力がかかるおそれがあるような場合には，会議や議事録の委員名，委員名簿などについて，やむを得ず非公開にすることもある．

■審査会の開催や資料などの存在は，HPなどで広報しなければアクセスができない．広報も重要な取り組みである．

5. 今後のあり方

①人材の育成・確保

環境アセスメントを十分に理解している専門家が不足していることから，環境の各分野の専門家であって，幅広い見識をもった人材の育成・発掘が急務である．地方公共団体は，委員の確保のため環境アセスメント学会などと連携することも一つの方法であり，学会としては，環境アセスメントに係る情報の提供や専門家リストなどで貢献できると考える．

②運営

限られた期間内に十分な審査結果を得るためには，効率的な審査会の運営が重要である．そのため，事務局と委員の間で普段から地域における環境政策について相互理解を図っておくことが重要である．

個別案件の審査を円滑に行うために，各種資料・議事録を事前に説明して情報を共有し，議論の手戻りを防ぐ仕組みを検討するとともに，事業者から提出された資料のケアレスミスを事務局が事前にチェックしておくことも必要である．

特に「追跡調査」段階では，配慮書段階から評価書段階までと委員が異なることが想定されるため，経緯を詳細に説明することが必要である．

審査においては，特に課題となる事項を中心に議論し，メリハリをつけた議論をすることが重要である．

委員からの質問に対して，事務局，事業者，コンサルタントのうち，適切な応答ができる者が柔軟に回答することが必要である．

第4部

ケーススタディ

第

10章 藤前干潟

本章で紹介する藤前干潟における環境アセスメントは，1994年1月に手続きが始まった名古屋市港管理組合と名古屋市を事業者とする「名古屋市港区地先における公有水面埋立及び廃棄物最終処分場設置事業に係る環境影響評価」（以下，「藤前アセス」という）である．藤前アセスは，当時，国において環境影響評価法（1997年6月成立）の制定に向けた動きが同時進行していた状況下で手続が進められたもので，それまでの環境アセスメントと法制化以降の進展状況を比較する上で参考となり，今後に向けた課題を考える一助ともなる事例である．また，藤前アセスは，名古屋市環境影響評価指導要綱（1979年）に基づいて，当時としては先取的な情報交流の機会が設定されていたため，国内外からの意見を含め，市民からの活発な関与があった．事業者による評価書提出後の公有水面埋立免許出願に対して，環境庁（当時）が積極的に関与し，事業化断念に決定的な役割を果たすなど，市民や環境行政の役割を考える上でも貴重な事例である．さらに，本事業の埋め立ての断念は，名古屋市に対してごみ政策の抜本的な見直しを迫ることとなるとともに，藤前干潟に対する社会的認知を広め，その後のラムサール条約への登録（2002年）や生物多様性条約第10回締約国会議（COP10）の名古屋開催（2010年）へと展開していった．このように，環境アセスメントの実施が地域政策における戦略的意思決定に寄与したことを示し，政策や計画の熟度に応じた環境アセスメントのあり方を考える上で貴重な事例といえる．

1. 事業の背景と概要

一般廃棄物の処理は自区内処理が原則とされているが，当時の名古屋市は岐阜県内のゴルフ場予定地を買い取り，そこを最終処分場としていた．しかし，2001年頃には満杯になると予想されたことから，他の処分場を必要としていた．当時，人口は横ばい傾向にあったものの世帯数は増え続け，ごみ量は年間100万トンを超え，埋立てごみ量も年間30万トンを超えていた．

当初，新たな処分場を山間地に探していたが見当たらず，浮上したのが名古屋港の藤前地先であった．名古屋港はいくつもの河川から大量の土砂が流れ込むため，航路浚渫によりほとんどの場所が埋立地となっていた．しかし，藤前干潟は，公有水面下でありながら，民間の土地

所有者があったため，埋立てられずに残っていた．

藤前干潟（図10-1）は，庄内川・新川・日光川の運んできた土砂で形成され，後背地がヨシ原で，その奥が田んぼとなっていたため，生態系が豊かで，多くの種類の鳥が集まる場所となっていた．とりわけ，環境庁調査（1993年）ではシギ・チドリ類が7,000羽以上確認されるなどわが国有数の渡来地で，野鳥観察者には有名な干潟であった．

名古屋市はここに106haの最終処分場を整備する港湾計画（1981年）を策定していた．しかし，その後河川への影響を回避するために70haに，次に鳥類にとって貴重な場所であるとの指摘を踏まえて52haに，最終的には

第10章　藤前干潟

表10-1 藤前干潟をめぐる経緯

年月	藤前アセス関連			制度など
	名古屋市・愛知県	市民など	国の動き	
1971. 2				ラムサール条約制定
1975. 4	弥富野鳥園（愛知県）開設			
1975.12				ラムサール条約発効
1979. 4				名古屋市環境影響評価指導要綱
1980.10				ラムサール条約発効
1981. 7	名古屋港湾計画改定（藤前地先 105ha を廃棄物処分場として埋立て）			名古屋市環境影響評価指導要綱
1984. 8				閣議決定環境影響評価実施要綱
1985. 4	野鳥観察館（名古屋市）開設			
1986. 3				愛知県環境影響評価指導要綱
1987. 2		名古屋港の干潟を守る連絡会発足		
1991. 6		藤前干潟を守る会、埋立中止を求める 10 万人署名		
1992. 3	名古屋港湾計画改定（埋立面積を 52ha に縮小）			
1993.11				環境基本法制定
1994. 1	**環境影響評価手続き開始**（市が入手した土地 46.5ha を対象）			
1996. 7	**準備書**（環境への影響は小さいと記述）			
1996. 9		意見書 60 通（国外より 20 通）		
1997. 2	**見解書**			
1997. 3	南陽工場（焼却工場）完成			
1997.5-8	**公聴会**（3 回開催）			
1997. 6				環境影響評価法成立
1997.12				基本的事項告示
1998. 3	名古屋市審査委員会意見（環境への影響は明らか）			
1998. 7	愛知県審査委員会意見（環境への影響が想定される）			
1998. 8	**評価書**（環境への影響は少なくない。代償措置の追記）			
1998. 8	**公有水面埋立免許出願**			
1998. 9		免許への反対意見 62 通		
1998.10		名古屋市議会同意可決		
1998.12		干潟保全を求める住民投票条例請求（108,000 人署名）		愛知県環境影響評価条例制定
			環境影響審査室「見解」	名古屋市環境影響評価条例制定
1999. 1	**名古屋市長埋立断念を表明**			
1999. 2	名古屋市長「ごみ非常事態宣言」			
1999. 6				県・市環境影響評価条例施行
2002.11	国指定鳥獣保護区、ラムサール条約登録			
2005. 3	稲永ビジターセンター及び藤前活動センター開設			
2010.10	生物多様性条約第 10 回締約国会議			
2014.11	「持続可能な開発のための教育(ESD)の 10 年」の最終年会合			

土地所有者との関係で 46.5 ha にと縮小を重ねた．

なお，名古屋市は，藤前干潟の隣接地に日量1,500 トンの南陽工場（焼却工場）の建設を進めた（1997 年 3 月完成）．藤前地先での最終処分をセットとした全体計画であった．

本事業は，埋立面積 46.5ha，埋立容積約 400 万 m³ の管理型の一般廃棄物処分場を建設するもので，護岸工事を 1999 年から開始し，2001 年から 2010 年までの 10 年間にわたって，一般廃棄物，上下水道汚泥，浚渫土砂を埋める計画であった．また，埋立て終了後は，自然共生緑地及び親水緑地を整備することとしていた．

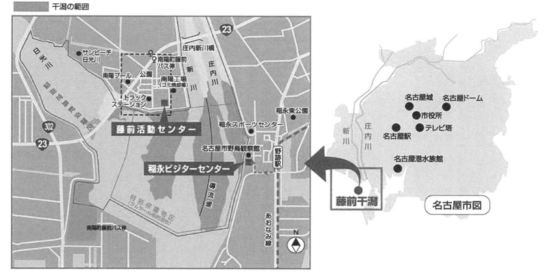

図10-1　藤前干潟位置図（環境省中部環境事務所ホームページより）

2. 環境影響評価の手続き

❶ 手続きの概要

藤前アセスは，公有水面埋立事業と廃棄物最終処分場設置事業の2つの種類の事業が複合したものとして実施された．事業者は，公有水面埋立事業については名古屋市港管理組合（代表者：名古屋市長）であり，廃棄物最終処分場設置事業については名古屋市である．

廃棄物最終処分場事業に関しては，閣議決定要綱（1984 年）の規模要件（30 ha）と，名古屋市の指導要綱（1979 年）における規模要件（面積 3 ha 以上，容積 15 万 m³）を満たしている．また，公有水面埋立については市指導要綱における規模要件（10 ha）を満たしている．そこで，「厚生省所管事業に係る環境影響評価実施要綱」と市指導要綱，さらに愛知県環境影響評価指導要綱（1986 年）のすべてに対応しながら環境アセスメントの手続きが行われた．

手続きは 1994 年 1 月に開始し，約 4 年半の経過を経て，1998 年 8 月に評価書が提出された．

❷ 名古屋市指導要綱の特徴

名古屋市の指導要綱は，当時としては，閣議決定要綱にはない先取的な部分があった．その一つが現況調査計画書の手続きである．方法書の手続きに相当するものであるが，意見提出の

規定はなかった.

また，準備書に対しては関係地域住民ではなくても誰でも意見を提出できることと，事業者には見解書を提出することが求められていた．そのため，意見書は 60 通が提出され，そのうち 20 通は海外からのものであった．さらに公聴会は，意見に対して事業者が見解を示したのちに，その見解に対して意見を述べる方式で

あった.

審査委員会の運営においては，20 名の審査委員に加えて，カバーできない分野について選任した特別委員から構成された．また，全員一致を原則とし，多数決は行わなかったため，審議に時間を要した．また，毎回会議終了後には記者会見を開き，周知を徹底した.

3. 現在の目で見た評価書の内容

藤前アセスは，国における法制化の動きが進行する中で行われたため，同評価書は，同法に基づく基本的事項（1997 年）を参照しながら読み直すと，それまでの制度（閣議決定要綱や市指導要綱）が内在していた問題を知るとともに，法制化から 20 年を経た今日においても克服されていない課題を考える上で参考となる．そのような視点から，生物分野と建設騒音分野についての当時の評釈（浦郷・塩田他，1999）を参考にしながら読み直す.

1 スコーピングの意義

環境影響評価法は，それまでの閣議決定要綱との最大の違いは方法書段階，すなわちスコーピングの手続きを導入した点にあり，その成否が法制化の試金石といわれていた．基本的事項では，「個別の事業ごとの環境影響評価項目の選定にあたっては，それぞれの事業ごとに，事業特性及び地域特性に関する情報（中略）などにより，標準項目に検討を加え，必要に応じ標準項目以外の項目を選定すること，又は標準項目として挙げられた項目を選定しないことができる」と，実情に合わせた柔軟な対応に道をひらいた.

それまでの環境アセスメントの多くは，国や自治体によって作成された技術指針に示された調査項目を全て調査するもので，事業や地域の特性に基づく取捨選択をしているものは極めて少なかった．そのため，それほど重要ではない項目の調査に必要以上の経費をかけたり，影響評価が特に必要な項目の調査が十分に行えないなどの問題が生じる可能性があった.

藤前アセスの評価書においても，植物から哺乳類，両生類・爬虫類，昆虫類，水生生物まで，指針に示されたすべての項目を調査対象としていた．例えば，哺乳類，両生類・爬虫類，昆虫

類について，「埋立工事による生息環境の減少については，事業予定区域の背後の堤防敷の草地が約 0.8 ha 減少するが，当該草地内で貴重種は確認されていないこと，周辺には同様の生息環境があることから，貴重種に与える影響は小さいと考えられる」との予測結果を引き出している．この調査のために，3 季（哺乳類は 4 季）のべ 46 日に及ぶ調査を行った．この程度の予測であれば，3 項目 3 季（哺乳類は 4 季）のべ 10 日の調査で十分であろう.

基本的事項では，調査すべき情報の種類および調査の方法について，「選定項目の特性，事業特性及び地域特性を勘案し，選定項目に係る予測及び評価において必要とされる制度が確保されるよう，調査及び測定により収集すべき具体的な情報の種類及び当該情報の種類ごとの具体的な調査または測定の方法を選定」することとした．この点についても，従来の環境アセスメントは，国や自治体によって示された技術指針に記載された通りの調査方法を採用していた.

ところが藤前アセスでは，特に争点となった鳥類の調査については，従来行われていたような定点とラインセンサスによる年 4 回程度の

調査ではなく，定点カウントとラインセンサスを1年間24回，定点カウントを2年間23回，行動パターンを3年間13回と，詳細な調査を行った．特に行動パターン調査では，潮位変化による生息場所と行動の特性を調べるために，日の出から日の入りまでの30分間または1時間ごとに地区別の移動状況について観察している（図10-2）．本件では，鳥類については，問題の重要性に応じて調査方法の重点化が図られた．また，この調査結果は，市民や審査会による厳しい意見に根拠を与えるものとなった．

仮に，藤前アセスにおいて，通常行われていたような年4回程度の鳥類調査しか行っていなかったとすれば，希少な鳥類の有無は把握できても，定量的な影響を把握することは無理であったと思われる．

図10-2：藤前での鳥の行動（島津康男「アセス助っ人」より引用）

② 予測の不確実性

基本的事項では，「科学的知見の限界に伴う予測の不確実性について，その程度およびそれに伴う環境への影響の重大性に応じて整理されるものとすること」としている．

これを生物分野に敷衍すると，予測において，調査で把握しきれなかった生物が存在することなど，調査の不十分性を考慮し，その程度およびそれに伴う影響の重大性を検討すべきであると解釈することができる．しかし，従来の環境アセスメントはこうした検討に関する記述は見られなかったし，藤前アセスにおいても同様であった．

では，環境影響評価法制定から20年を経た今日，生物分野に限らず，種々の環境項目において予測の不確実性について十分な検討が加えられているかを考えると，手続終了後の評価書の閲覧が自由にできる状況にない中では明確なことはいえないものの，多くの生物分野の研究者は不十分であると認識している．

③ 項目間の関係の検討

基本的事項では，「（調査，予測，評価にあたっては）他の選定項目に係る環境要素に及ぼすお

それがある影響について検討が行われるよう留意」することとしている。

従来の環境影響評価では、現状把握から影響予測まで、それぞれの項目を専門家が担当し、横断的な協議が行われないまま、項目別に報告書が作成され、合本されてきた。

藤前アセスでは、水質の予測結果を底生生物の予測に用いるなど、ある程度項目間の関連性に配慮が見られた。しかし、焦点となっていた鳥類の予測については、鳥類の餌となる底生生物が9トン減少するという予測結果が考慮されていなかった。

また、建設工事に伴う大気質の変化（特に騒音）が鳥類に与える影響に関する記載もなかっ

た。これに関していえば、今日の環境影響評価においても、騒音の評価は「人間への」聴力低下、心理的影響、聴取妨害、情緒的妨害、生活妨害、身体的影響を明らかにするものであるため、藤前アセスにそうした配慮を求めるのは酷というものかもしれない。しかし、すでに米国では、騒音の動物に与える影響に関する約10年間の調査に基づく報告書『Effects of Noise on Wildlife and Other Animals － Review of Research Since 1971』（1980年、EPA）が公表されていた。

項目間の関係の検討は、環境影響評価法から20年経た今日も改善が図られるべき課題として引き続きある。

❹ 現況騒音の評価方法の問題

藤前アセスでは、騒音の現況の評価にあたって、名古屋市内（342地点）と同市港区内（57地点）とにわたる広いエリアの測定点からデータを収集している。しかし、「騒音レベルの中央値（L_{50}）の平均値」で計算し、比較している。L_{50} や L_5 は「時間率騒音レベル」と呼ばれる。たとえば、10分間の測定結果で L_{50} が60dBであるということは、「測定時間の50％に相当する5分間は、騒音レベルが60dB以上であった」ことを示している。そのためいくつかの測定結果が同じ L_{50} ＝ 60dB であったとしても、それぞれのレベル分布は異なるのが普通である。そのため、こうした統計値を単純に加減乗除するのは適切ではない。加えて、環境基準は地域の類型および時間の区分ごとに定められているので、騒音の測定値の評価に際して、時間・空間を平均化するのは誤りである。

法制化以前の環境影響評価では、L_{50} などの時間率騒音レベルを算術平均することは頻繁に行われていた。今日では、環境基準は等価騒音レベル（エネルギーの時間平均に基づく評価量）が航空機、新幹線、一般環境などにおいて適用されている。騒音規制法では、工場・事業場、建設作業は統計量（時間率騒音レベル）が使われているものの、環境基準を時間率騒音レベルで評価することがないため、藤前アセスのような誤りは見られなくなった。また、「環境アセス

メント士試験」にもこうした課題が出題されることがあり、改善が図られている。騒音計のデジタル化も統計量やエネルギー量による測定値をリアルタイムにかつレベル変動も表示されるなど高度化してきていることが大きく寄与している。

現地調査における調査点の選定根拠が示されていないことも問題である。しかも、調査点数が1点であり、事業予定区域との関係も地図上から明瞭ではない。そして、予測時の工事機械などの音響パワーレベル（予測時の原単位として必要）として、1987年、1980年、1979年の文献を引用しており、準備書提出時（1996年）からみて古いといわざるをえない。さらに、この地点の予測結果が記載されていないため、事前事後の比較ができない。本来は、①現況調査地点、②予測範囲、③建設機械などの稼働位置、④予測結果の一連の流れを統一して見られるように記載すべきであった。

法制化以前の環境影響評価では、一般的傾向として、調査点の選定根拠を記載しないことが多く、藤前アセスが例外だったわけではない。法制化から20年を経た今日では、多くの点で改良が見られるのは、前述のように「アセスメント士試験」などの研修が奏功しているものと思われる。

4. 情報交流

❶ 干潟を守る市民活動

事業の環境対策をめぐる様々な関係者との情報交流は，その事業の構想・計画から実施・終了に至る様々な段階で行われる．

藤前干潟の埋立てをめぐっても，環境アセスメントの手続き以外にも，市民による活発な啓発活動や行政・議会への働きかけが行われた．

1987年には市民団体「名古屋港の干潟を守る連絡会」が結成され，埋立て計画への反対運動と干潟の観察会などが取り組まれていた．1990年に環境庁が埋立て計画に対して環境配慮を求める意見を出したことが援軍となって，1991年には同連絡会から改称した「藤

前干潟を守る会」（以下，「守る会」）が名古屋市議会に埋立て中止を求める10万人分の署名を提出した．

藤前アセスにおける活発な情報交流は，このような市民団体による啓発活動の蓄積を背景に結実したものである．

また，藤前アセスは，インターネットを利用した市民間の情報交流が活発に行われた最初の事例といわれている．「守る会」を全国から支援するメーリングリストに，名古屋市の干潟埋立て断念を知らせる発信は7300通目と記録されていた（松浦，1999）．

❷ 準備書段階での主な論点

藤前アセスは，2の❷で記したように，当時としては先取的な情報交流が試みられた．

市民団体は観察活動を通じて現地の情報と問題意識を蓄積していた上に，3の❹で記したような問題点を抱えた調査・予測・評価が行われたことで，これを批判する意見が多く出されることとなった．「守る会」の辻淳夫代表（当時）は，藤前アセスの準備書に対して意見提出を市民に

呼びかける文書の中で，「私たちは，この藤前アセスメントを，科学的で公正な，地球環境と未来世代にも配慮した社会的な選択を可能にする，あるべきアセスメントの先取りになるように，変えていくことを，名古屋市に求めていきたい」と取り組みの意義を訴えた．

このような中での準備書段階のやりとりでは，以下の2点が大きな論点となった．

①渡り鳥への影響

事業者は，名古屋港区の干潟は全体で260haあり，そのうち利用頻度の少ない30haを埋立てるだけなので影響は少ないとの見方を示した．

市民などは，事業者が行った利用率を1日平均，年間平均で算出することは間違いであり，

干潟を訪れた渡り鳥が利用できる広さと餌の豊富さが重要なので，時間は短くとも特定の時期に集中して利用する際の飛来数に見合った広さの干潟が必要である．そのため，この干潟の埋立てが渡り鳥に与える影響は極めて大きいと主張した．

②底生生物への影響

事業者は，採泥器で調査した底生生物量調査の結果に基づき，埋立て予定地の現存量は多くなく，他にも広い干潟は残るため影響は少ないとの見方を示した．また，干潟生態系モデルでの水質浄化計算結果では，水質浄化機能は少ないと主張した．

市民などは，利用したモデルが砂質干潟のも

ので泥質の藤前には適用できないと主張した．また，底生生物は深いところまで生息しているのに採泥器は表層しか測定できないことから，深さ10cm以下の生物量も考慮して干潟の浄化機能，食物連作を評価しなければならないと主張した（図10-3）．

図10-3 「守る会」の活動で使われた干潟の働きを示すイラスト(同会ホームページより)

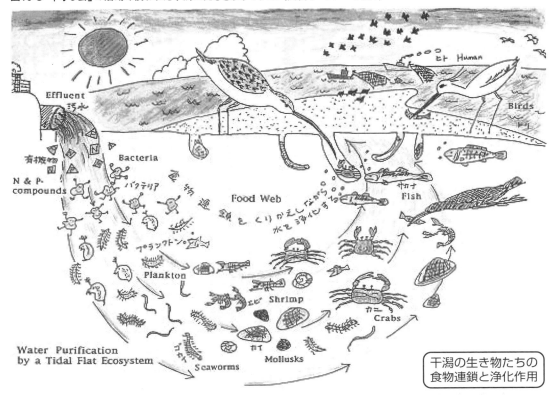

❸ 審査委員会の意見

審査委員会は答申までに計25回開催された．また，審査委員会による公聴会は，当初予定の1回では陳述が終わらず，2回目を開催したが紛糾し，いったん打ち切りが宣言されたものの事業者見解が述べることができていなかったため，市長判断で3回目も実施された．公述人10人全員が環境影響評価の内容に批判的な意見であった．

こうしてまとめられた審査書（1998年3月）は，準備書の「影響は小さい」との記述を否定し，「影響は明らかである」と指摘した．

❹ 市長意見と評価書

審査書に基づいて名古屋市長は，「事業予定地周辺干潟域での鳥類などの生息環境および周辺水域の水質など干潟生態系に与える影響は明らかである．本事業を実施する場合には，必要な自然環境保全措置を講じるべきである」との見解を示した．

これに基づき評価書では，「環境への影響は少なくない」とした上で，環境保全措置として，干潟の改良のために既存干潟を嵩上げることなどを内容とした干潟の整備計画（人工干潟による代償措置）を加えてまとめられた（1998年8月）．

そして，学識経験者からなる「西1区自然環境保全措置検討委員会」の指導・助言に基づき，具体的な施工面積や整備手法を検討し，試験施工の効果を確認しながら進めていく方針を添えて，運輸省に対して公有水面埋立免許の出願を提出した（同年8月）．

⑤ 公有水面埋立免許出願後の経緯

市長意見を契機とした人工干潟による代償措置についても意見が対立した.

事業者は，処分場は必要との前提の下，市長意見を援軍に代償措置の合理性を主張した.

市民などは，既存干潟は渡り鳥にとって重要であり，干潟の水質浄化作用や環境教育上の価値からも，破壊すべきではない. 人工干潟による代償措置は自然破壊であると主張した. また，ごみ減量対策が不十分であり，計画そのものの見直しを求めた. 公有水面埋立免許に基づいた手続きに対しても反対意見 62 通が出された（同年 9 月）.

一方で，名古屋市議会は免許に同意する議案を可決し（同年 10 月），事業者である市を擁護し，市民世論に対峙した. これに対して，「守る会」は，「藤前干潟保全を求める住民投票条例」の直接請求を 108,000 人分の署名とともに集約した（同年 11 ～ 12 月）.

⑥ 環境庁による積極的な関与

こうした中で，環境庁内にも人工干潟による対策のあり方に関する検討委員会が設置され，そこでの議論を踏まえて，環境庁としての姿勢を鮮明に打出した. 同年 12 月 5 ～ 6 日に開催された「国際湿地シンポジウム '98 藤前」（日本湿地ネットワーク主催）において，環境庁自然保護局の計画課長が「環境庁の公式見解」とことわった上で，「名古屋市の人工干潟・干潟かさ上げ計画は新たな生態系破壊を引き起こしかねず，考慮に値しない」「ごみの処分場についての代替地の検討が不十分」と発言. 翌週には事務次官，環境庁長官の態度表明が続き，運輸大臣も「環境庁がだめというなら認可できない」とこれを支持. 同 18 日には，環境庁は名古屋市・愛知県に対し「藤前干潟における干潟改変に対する見解」（環境影響審査室）を提示した. この見解では，①代償措置の前に代替案の検討が必要であり，②既に環境の質の高い場所で代償措置を行うことは通常考えられないとの基本認識を示した. 藤前干潟での干潟造成については，①代償措置を実施する場所としては極めて不適切で，②技術を過大に信頼した不適切な試みであると断じた. 人工干潟の実験についても，周辺浅場や干潟の生態学的評価もせずに貴重な干潟・浅場を大規模に使用して実験を行うことは，非常識の誇りを免れない」と厳しく否定した. 続けて，名古屋市が設置した西1区自然環境保全措置検討委員会も市の人工干潟計画を不承認とした（同 22 日）.

5. 事業断念後の変化

① ごみ減量の取り組み

翌月の 1999 年 1 月 26 日，名古屋市長は埋立てを断念し，廃棄物処分場の代替地検討に専念することを発表. 2 月には「ごみ非常事態宣言」を発し，市民にごみの減量と徹底した分別をよびかけた. 市民はこれによく呼応し，ごみ処理用や資源分別量，埋立て量は大きく減少した（表 10-2）. このことは一方で，埋立てを政策決定する以前にやるべきことがあったのではないかということを示唆している.

第10章　藤前干潟

表10-2　名古屋市におけるごみ処理量等の推移

		1998年度	2001年度	2007年度	2016年度
ごみ処理量	万トン	99.7	73.5	68.3	61.5
	指数	100.0	73.7	68.5	61.7
資源分別量	万トン	14.0	33.2	39.1	28.7
	指数	100.0	237.1	279.3	205.0
埋め立て量	万トン	26.1	12.0	10.2	5.1
	指数	100.0	46.0	39.1	19.5

注:名古屋市環境局『名古屋ごみレポート'17』(2018年1月)より作成

❷ ラムサール条約登録

　藤前干潟は，2002年11月1日に，環境省によって国指定鳥獣保護区に指定され，同年11月18日にはラムサール条約にも登録された．2005年3月には環境省により稲永ビジターセンターと藤前活動センターが開設された．

　藤前干潟に面する稲永公園には，1985年開設の野鳥観察館（名古屋市）と稲永ビジターセンター（環境省）が隣り合わせで建設されている．前者は野鳥観察を主とした施設で，名古屋鳥類調査会と尾張野鳥の会，東海緑化（株）の三者で構成される「東海・稲永ネットワーク」が指定管理者となっている．この施設を訪れて長年の観察記録を見ると，この蓄積が藤前アセスでの情報交流に重要な役割を果たしたであろうことが伺える．後者は，干潟の生き物に関する情報提供型の環境学習拠点で（藤前活動センターはふれあい活動型の環境学習拠点とされる），特定非営利活動法人の認証（2003年7月）を取得した藤前干潟を守る会が指定管理者となっている．ここでは，同会による藤前干潟埋立て反対運動の軌跡が展示されている．また，藤前干潟から数km西側には，愛知県が1975年に開設した弥富野鳥園があり，野鳥の保護・調査・観察が行われている（指定管理者は愛知公園協会）．

　なお，2010年10月に生物多様性条約第10回締約国会議が開催され，2014年11月に「持続可能な開発のための教育（ESD）の10年」の最終年会合が名古屋で開催された．

　藤前干潟をめぐるこの間の経緯は，行政と市民が環境問題に対して協働する契機となったことが伺える．

6.　これからの環境アセスメントへの示唆

❶ 埋立て断念に至る要因

　藤前干潟での埋立て計画が断念され，保全へと政策が転換された経緯をふりかえると，様々な要因があったことがわかる．その中でも環境影響評価に引き寄せていくつか取り上げる．

①情報交流手続き

　藤前アセスでは，その手続きの根拠となった名古屋市指導要綱において情報交流の機会が閣議決定要綱のそれに比べて充実していたことで，活発な情報交流がなされた．海外を含む市民からの意見，審査委員会での徹底した議論と合意形成の努力が，準備書での「環境への影響は小さい」から，評価書での「環境への影響は少なくない」への記述へと変化をもたらした．

②調査・観察活動の蓄積

　藤前干潟とその周囲には，弥富野鳥園（愛知県，1975年開設）と野鳥観察館（名古屋市，

1985 年）があって，調査や観察活動の拠点として機能し，幅広い年代による干潟での自然とのふれあい活動の機会を提供し，観察データも蓄積されていた．このことが，藤前アセスでの観察データに基づく意見の形成や，幅広い市民による運動の基盤となったものと思われる．

③環境庁の役割

事業者は，評価書での「環境への影響は少なくない」との結論にもかかわらず，市長意見に基づく人口干潟による環境保全措置で乗り切ろうとし，公有水面埋立免許の出願に踏み切った．住民投票条例の制定を求める市民の強力な運動にもかかわらず，名古屋市議会はこれに同意した．もはやこれまでと思われた局面で，決定的な役割を果たしたのが環境庁である．自然保護局計画課と環境影響評価課が連携し，専門家の助言を受けながら，明確な見解を示したことが，運輸省を動かし，最終的に名古屋市を断念に追い込んだ．

環境庁が断固とした決意で藤前干潟の保全に動いた背景には，環境基本法の制定とそれに基づく環境影響評価法の制定に向けた取り組みのさなかにあったことがある．国内外からそのなりゆきが注目されたこの案件で，その後の環境影響評価のあり方に対して，明確なメッセージを発信しようとした意志が読み取れる．

❷ 今後の環境アセスメントへの示唆

それでは，環境影響評価法制定から 21 年目となる今，藤前アセスの経緯をふりかえるとき，これからの環境アセスメントに対してどのような示唆があるのだろうか．いくつか提起したい．

①調査予測評価の手法

スコーピングは環境アセスメントの法制化に際して，その成否を握るとまで論じられていた．藤前アセスでは，事業者の側にも鳥類への重点的な取り組みがみられたが，全体としては従来型の総花的な内容となっていた．しかし，観察活動の蓄積を背景として，市民や専門家からの具体的な意見が出されたことで，論点は絞り込まれた．名古屋市独自の情報交流の仕組みが結果的にスコーピングを促したといえよう．今日，20 年前に比べてスコーピングが十分に機能しているのか，その判断は過去の評価書を横断的に閲覧することが難しい状況の下ではできないが，傾向としては旧態依然な評価書が散見される．

項目横断的な予測評価についても論点となった．この点でも事業者は配慮が見られたものの，その不十分さが市民や専門家の批判を招くこととなった．また，生活環境項目と自然環境項目の横断的な予測評価という課題も浮彫となったが，今日においてもこれに対応した取り組みを見ることは極めて少ない．予測の不確実性に対する取り組みも同様であった．

②代償措置

環境庁環境影響審査室の見解は，干潟周辺の浅場が底生生物や魚類の生産の場であり，干潟生態系の重要な要素として評価した上で，環境影響評価法施行を前に代償措置と環境保全対策の考え方を整理した点は重要であった．安易な代償措置を環境保全対策として位置付けることに警鐘を鳴らした．今日においてもこの警鐘が生かされているのか具体的な検証が必要である．

③戦略的環境影響評価

結果的に，干潟は保全され，ラムサール条約登録湿地として，大都市部にある貴重な人と自

然のふれあい活動の場として利用が図られることとなり、そのための施設も整備された。また、「ごみ非常事態宣言」は行政と市民を動かし大幅なごみ処理量の減量へと展開した。

もし、ラムサール条約国内効力発生（1980年10月）の時点で、藤前干潟の重要性が認識されて、保全利用に向けた政策判断がなされていたのであれば、同様に2001年頃には既存の最終処分場が満杯になる見込みを踏まえてごみ政策の見直しが図られていたのであれば、翌年7月の廃棄物処分場として利用する港湾計画の改定はあったのだろうか。その後の事態による手戻りはなかったのではないか。そうした

視点から、この事例は戦略的環境影響評価の必要性を示唆するものとして語られることとなった。

しかし一方で、事業化段階での環境アセスメントに際して、これを最後の砦として市民や専門家が懸命に取り組んだからこそ、干潟の価値が広く社会に認知され、ごみ減量の緊急性が理解され、その後の市民による行動につながったという側面もある。先を見通した行政の賢明な判断に市民が積極的に呼応するとは限らない。その意味で、藤前アセスの事例は、戦略的環境影響評価の必要性ととともに、事業化段階での環境アセスメントの意義も示唆している。

④情報交流と情報基盤

事業化段階での環境アセスメントが環境保全の機能を果すことができたのは、名古屋市の指導要綱における情報交流を重視した手続き規定の存在と、それを生かして市民や専門家の声を引き出そうとした事務局の姿勢、観察活動などの事前の蓄積がある。

1000頁に及ぶ分厚い準備書を市民に貸し出して意見を引き出したこと、公聴会を再々延長して実施したことなど、住民自治を踏まえた行政職員の姿勢は高く評価されるべきである。また、審査委員会は全員一致まで議論を尽くすことし、そのたびに記者会見を開催して透明性に配慮した。これらの取り組みについては、環境影響評価法制定から20年以上を経た今も

価値ある取り組みとして再認識すべきものである。

また、愛知県や名古屋市による早い段階から整備されていた野鳥観察施設を社会的基盤として、市民の自然とのふれあい活動に根ざした観察情報が蓄積されていたことが、環境アセスメントにおいて重要な役割を果たした。これはデータベースが必要だということではなく、市民の参加による情報の生産と蓄積があってこそ生かされることを示唆している。

その意味で、不適切な開発を未然に防ぐ上では、環境行政には長い視野で環境学習を育てていく努力が求められる。

⑤環境省の役割

市民の積極的な関与、審査委員会の徹頭徹尾の姿勢があっても、事業者の既定方針を貫く姿勢は変えることができなかった。その中で最後の切り札となったのが環境庁の見解であった。

これは環境行政の姿勢として高く評価されるべきではあるが、何ら手続きに則ったものではなく、「水面下の努力」に近いものがあった。それでも敢えて意見した環境庁の意志の強さは環境影響評価法を実らせたいという思いがあっ

たのだろうと推測される。しかし本来は、最終的な意思決定において環境行政の独立した判断により裁定される仕組みが伴っていないことに、現行の環境アセスメントの限界があるのではないか。

このことは、持続可能な開発において環境行政が果たすべき役割を考える上で、今後も真剣に議論され、改革が図られるべき課題である。

文　献

浦郷昭子・浜島直人・塩田正純・鈴木さとし (1999)：名古屋市港管理組合・名古屋市『名古屋市港区藤前地先における公有水面埋立及び廃棄物最終処分場設置事業に係る環境影響評価書』(藤前干潟評価書)―生物及び建設作業騒音分野―，環境技術学会，環境技術，**28** (6)，427-433.

松浦さと子 (1999)：そして、干潟は残った～インターネットとＮＰＯ～，リベルタ出版.

謝　辞：
本章の執筆にあたり島津康男氏所蔵資料を参照させていただいた．

写真 10-1　稲永公園からみた藤前干潟（対岸に南陽工場が見える）

写真 10-2　稲永ビジターセンター

第10章　藤前干潟

写真10-3　同センター内に展示された埋立て反対運動に関する資料

写真10-4　野鳥観察館（稲永公園内）で日々記録されている観察データ

第11章 愛・地球博の環境アセスメントとその後

2005年日本国際博覧会（以下，愛・地球博）は愛知県長久手町（現在の長久手市），豊田市，瀬戸市にまたがる名古屋東部丘陵を舞台に，2005年3月から9月までの185日間にわたって「自然の叡智」をテーマに開催され，2000万人を超える人が訪れた．この開催にあたっては，テーマが自然環境を強く意識したものであったことに加え，都市に隣接する里山を会場としていたことから，周辺自然環境への配慮，近隣住民の生活環境への配慮，地球環境への配慮を目的に環境アセスメントが実施されることとなった．さらにこの期間は，環境影響評価法の制定，施行の時期とも重なったことから，21世紀の新しい環境アセスメントのモデルとして位置づけられ，その手法には様々な工夫が取り入れられた．そしてこの環境アセスメントは，約10年に及ぶ愛・地球博の準備期間のなかでも，様々な議論を呼び多くの注目を集めることとなった．そして，この環境アセスメントを通じて保全されることとなった里山は，愛・地球博の開催から10年以上が経過した現在でも貴重な里山環境として大切に管理され，地元に多くの恵みをもたらしている．本章は，この愛・地球博で実施された環境アセスメントについて，膨大な議論のプラットフォームとしての機能を振り返ると同時に，保全された里山環境の現在の姿を見ることで，21世紀の新しいモデルとされた環境アセスメントの成果と今後への示唆について考えていく．

1. 事業の背景と環境アセスメントの流れ

1 環境アセスメントに先立って進んだ会場候補地の検討

財団法人2005年日本国際博覧会協会（以下，博覧会協会）が実施した愛・地球博の環境アセスメントでは，そのアセス図書は約30冊合計1万ページに及ぶとされる．この膨大な図書をともなう環境アセスメントは非常に複雑なプロセスをたどったが，その大きな要因の一つに会場計画の変更があげられる．まずは，この点に着目して環境アセスメントのプロセスから振り返っていこう．

瀬戸市南東部の里山となっていた丘陵地を会場候補地として検討が開始されたのは，国際博覧会の誘致段階からである．1988年には，通商産業省（現在の経済産業省．以下，通産省．）からの打診を受け，愛知県は万博誘致の準備委員会を立ち上げている．愛知県，名古屋市，地元経済界が「国際博覧会開催構想の推進のための地元合意」を経て検討を進め，名古屋都心からの距離や地域の将来ビジョンの存在，交通基盤整備計画の存在，用地取得の見通しなどの条件をあげ，この条件に合致するものとして瀬戸市南東部を提案している．そして，1990年には瀬戸市南東部の里山である「海上（かいしょ）の森」を会場候補地として選定している．この時既に，この海上の森には，後に新住宅市街地開発事業として計画される6,000人規模の住宅地開発の構想があり，加えて同地を通る形で計画された都市計画道路「名古屋瀬戸道路」の開発が考えられていた．実は同地には，1970年代に名古屋へのオリンピックを誘致する構想が持ち上がった際，その関連施設の候補地として検討された経緯があり，大規模な会場の候補地として検討されるに至る土壌が既に整っていたといえる．

そして1995年には，政府は海上の森を会場に含んだ計画案「会場計画I案（図11-1参照）」を国際博覧会協会（BIE）への開催申請

第 11 章　愛・地球博の環境アセスメントとその後

の計画として閣議了解し，翌年にはこの計画をBIEに申請し，1997年6月に2005年国際博覧会の日本開催が正式に決定した．このときの計画では，2,500万人の来場を想定し会場面積は540 ha，会場の全体は，中央部に位置しECO-CITYやECO-PARKなどの主要な施設を配置するAゾーン，湿地を含み「自然とのふれあいゾーン」と呼ばれる西側のBゾーン，そしてスギやヒノキの人工林で構成される「森林体験ゾーン」と呼ばれる東側のCゾーンで構成されていた．なお，後の新住宅市街地開発事業と名古屋瀬戸道路は，国際博覧会終了後のAゾーンで実施，建設される構想となっていた．

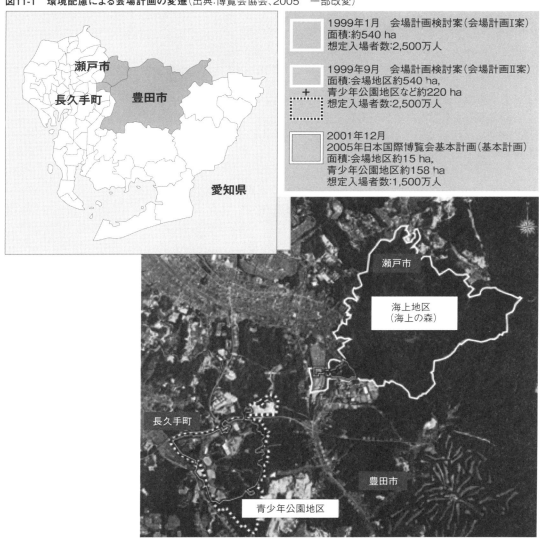

図11-1　環境配慮による会場計画の変遷（出典:博覧会協会、2005　一部改変）

❷ 当初の会場計画を前提にした環境アセスメント

この国際博覧会誘致の過程では，BIE への申請に関する 1995 年の閣議了解において，会場候補地における自然環境保全の重要性が認識され，「本博覧会の開催にあたっては，環境影響評価を適切に行うこと」という方針が確認された．その後，1997 年 6 月に BIE 総会において 2005 年日本国際博覧会の開催が正式に決定されたが，同月に国内では環境影響評価法が公布された．しかし，博覧会の事業は環境影響評価法の対象事業に含まれていなかったうえ，この時点では環境影響評価法に基づく技術手法について，「基本的事項」や「技術指針」が明らかになっていなかったことから，博覧会事業の主務官庁であった通産省は「2005 年の国際博覧会に係る環境影響評価手法検討委員会」（以下，手法検討委員会）を設置した．その後，

全 6 回の委員会における検討と 4 回の現地調査を経て，1998 年 3 月には博覧会事業の事業主体である博覧会協会に対し博覧会アセス要領と呼ばれる「2005 年日本国際博覧会環境影響評価要領」を通知した．この手法検討委員会では，同事業が構想段階であったことから，立地選定などのいわゆる基本計画段階から代替案の比較検討を含めた環境アセスメントが必要との意見も出され，議論が分かれる場面もあった．結果的には，事業内容の検討が進み計画の熟度が高まるに応じて，環境アセスメントの修正や具体化を進めていくことを前提に，環境影響の低減に寄与する計画の変更についてはアセス手続きの再実施を求めないなどの規定も盛り込まれた．そしてこの通達において，基本的な方針として以下の 5 点が掲げられた．

---

1. 環境影響評価法の趣旨を先取りするモデルを示す
2. 博覧会理念「人と自然の共生」の実現に資する環境影響評価を目指す
3. 会場計画と連動した環境影響評価を導入する
4. 長期的な地域整備事業の環境影響評価との連携を図る
5. 幅広い意見聴取を行う

このような考え方の下，博覧会アセス要領では，法に基づいて示された基本的事項や技術指針と比較して，踏み込んだ考え方や具体的な技術手法に言及されている．このようにして，法の趣旨を先取りしたモデルとなるべき愛・地球博の環境アセスメント実施の準備が整えられた．

この博覧会アセス要領の通知から 3 週間後の 1998 年 4 月 17 日に環境アセスメントの方法書にあたる「実施計画書」が博覧会協会から公告され，環境アセスメントの手続きが正式に開始された．そして，実施計画書には，BIEへの開催申請の計画と同じ会場計画 I 案が示された．この実施計画書に対する住民意見の提出期間中の同年 5 月には，日本野鳥の会が会場予定地において，環境庁（現在の環境省）のレッドリストの絶滅危惧 II 類（現在は準絶滅危惧）に分類されているオオタカの生息を指摘している．これ以降，会場計画などをめぐり，様々な議論が展開される．

7 月には通商産業大臣（現在の経済産業大臣）

意見についての助言を目的に 15 名のメンバーからなる「2005 年日本国際博覧会に係る環境影響評価会」（以下，環境影響評価会）が設置された．これは，先の通達の内容を検討してきた手法検討委員会を引き継ぐ形での委員会となった．また，8 月には事業主体である博覧会協会は，環境アセスの実施に際して専門的な見地からの助言を得ることを目的に「環境影響評価アドバイザー会議」を設置した．同時に，博覧会協会では実施計画書の公告・縦覧に加えて，広く一般に意見募集を行うとともに，説明会，意見交換会をそれぞれ複数回実施し，地元などでの一般の意見の収集を進めた．

これらの検討の結果，1999 年 1 月に博覧会協会は，準備書段階の会場計画検討案を公表し，翌月には準備書を公告した．この段階では，会場計画 I 案から会場候補地のエリアには大きな変更はなされなかった．なお，この準備書の公告に先立って，実施計画書に寄せられた意見に対する博覧会協会の考え方を示すものとし

て，「実施計画書に係る意見書の意見の概要及び博覧会協会の見解について」を公表している．これは，環境影響評価法の手続きで求められるものではなく，博覧会協会が実施したより丁寧なコミュニケーションを図るための工夫といえる．一方で，この中でも会場候補地におけるオオタカの営巣に関する指摘と，会場候補地の再検討を求める意見が複数見られるが，博覧会協会は，「本環境影響評価は，瀬戸市南東部地区での開催を前提に調査し，自然環境の状況を適切に把握した上で，本博覧会事業が環境に及ぼす影響についての調査及び予測・評価など，必要な環境保全措置の検討を行うものです」，「現在の会場候補地を基本として環境影響評価を適切に実施し，博覧会のテーマの実現をめざしてまいります」との見解を示すにとどまり，会場候補地の代替案検討や変更の可能性には言及しなかった．また，準備書の意見期間には，生態系の評価に関して国内の専門家などからも多くの意見が提出された（BOX 参照）．

その後，1999 年 5 月には博覧会協会も会場候補地内にてオオタカの営巣を確認し，公式にオオタカの生息調査などの対応を進めることになる．6 月には，オオタカの生息調査および保護対策のあり方を検討する目的で，博覧会協会と愛知県は「国際博会場関連オオタカ調査検討会」を設置した．そして 6 月には，同年 4 月に設置されたばかりの愛知県環境影響評価審査会の議論を踏まえて愛知県知事意見が出された．この県知事意見では，「環境負荷の一層の低減を図るために幅広い検討を行うこと」が求められた．この頃，この会場計画案に反対する

組織的な活動も顕著になる．地元の環境保護を訴える市民団体が海上の森の保全を訴えたことに加え，8 月には日本自然保護協会，日本野鳥の会，世界自然保護基金日本委員会の自然保護に関する 3 団体が共同で，海上の森における万博の開催とその後の新住宅市街地開発事業および名古屋瀬戸道路の開発を結びつける考え方に反対する声明を発表した．

その結果，9 月に博覧会協会は「2005 年日本国際博覧会のアイディア」との文書を発表し，当初の瀬戸市南東部の海上の森を中心とした会場計画 I 案に加えて，この会場から 2 km 程度南西の長久手町東部に位置する既存の愛知青少年公園を新たに会場候補地に含む「会場計画 II 案（図 11-1 参照）」を検討することを明らかにした．この愛知青少年公園は，1970 年に総合レクリエーションための総合施設・公園・児童遊園・大型児童館として愛知県が開設したものである．

そして 10 月に博覧会協会は評価書を公表した．この評価書では，準備書で検討された会場計画 I 案と，新たに愛知青少年公園を会場候補地に加えた会場計画 II 案の 2 つについて総合的に評価し，その結果，会場計画 II 案を選択することで博覧会事業に伴う環境影響の程度の低減を図ることができると結論づけた．しかしながらこの評価書の方針では，規模が変更されたとはいえ，依然として海上の森を愛・地球博の会場として開発するだけでなく，その後の住宅開発と道路建設が計画されていたこともあり，計画に対する反対の意見は無くならなかった．

BOX　日本生態学会自然保護専門委員会から提出された準備書への意見書の内容（一部要約）
　動物・植物・生態系に係る環境影響を真に低減・回避するために「計画」を根本的に見直すことを強く求める．オオタカやフクロウなどの生態系の上位性の評価について，科学的検討が不足している．シデコブシへの影響について遺伝的多様性の評価はなされているものの個体群の絶滅リスクの評価については分析が不十分な部分がある．

図11-2 着工前の環境アセスの主な流れ

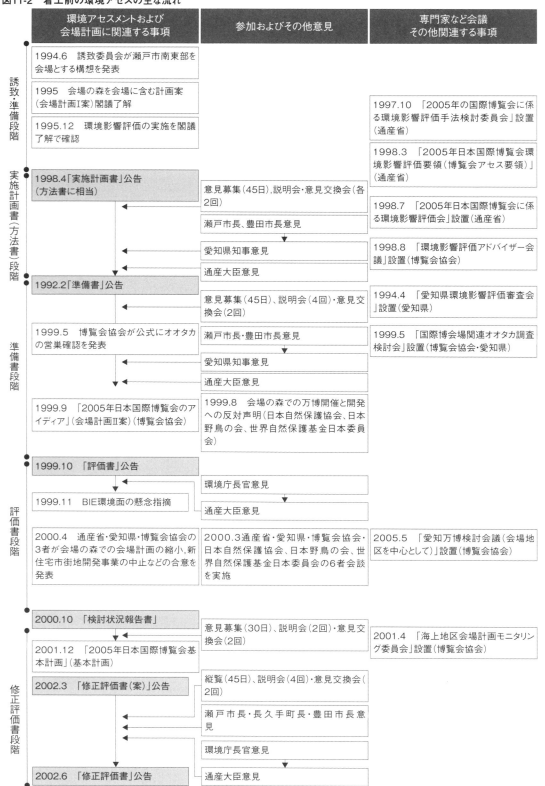

第11章　愛・地球博の環境アセスメントとその後

❸ 会場計画の議論に左右される環境アセスメント

　また，評価書公表直後の11月に来日したEIB幹部が，通産省に対し，海上の森の開発と万博跡地における住宅開発に関して，環境面の懸念から国際NGOが反対すれば万博の開催自体が危うくなるとの旨の発言をしていたことが，年をまたいだ2000年1月に新聞でスクープ報道された．そして2000年3月には，上記3団体の代表が通産大臣，愛知県知事，博覧会協会会長と会談し，計画見直しの申し入れを行っている．これらの動きを受けて，4月には通産大臣，愛知県知事，博覧会協会会長の3者が，海上の森での会場計画の縮小と，新住宅市街地開発事業の中止を含む地域整備事業の計画見直しに関する基本的方向性の合意を発表した．通産省，愛知県，博覧会協会に，上記の自然保護3団体を加えた6者により「愛知万博検討会議（海上地区を中心として）」の設置について合意がなされ，5月には地元関係者，自然保護団体，有識者など28名の委員からなる委員会が設置された．その議論の結果，10月に環境影響評価についての「検討状況報告書」が博覧会協会から公表され，海上の森を含む海上地区の会場候補地の面積は，540haから19haにまで大幅に縮小された．

　そして，博覧会協会は2001年12月に「2005年日本国際博覧会基本計画」を公表し，この中に含まれる会場計画「基本計画（図11-1参照）」では，海上地区の面積は約15haにまで縮小され，想定入場者数も1,500万人に見直された．2002年2月にはこの計画を基に青少年公園地区などの影響評価の項目を検討する「2005年日本国際博覧会に係る環境影響評価項目について」を公表し，2002年3月には「環境影響修正評価書（案）」を公表，そしてその3カ月後に「環境影響修正評価書」を公表している．以上が，着工に至るまでの環境アセスメントのプロセスである．

　その後，2004年の9月には会場工事に着工するが，もちろんこの後も，計画の具体化と工事の進捗にともなって各段階で追加調査に関する文書がアセス図書として作成され公表された．例えば，2003年1月に会場アクセスの拠点となる西ターミナル・八草ターミナルと汚水送水管布設の計画が作成されると，「追跡調査の手法等について（その1）（西ターミナル・八草ターミナル・汚水送水管布設の調査，予測・評価手法等）」が公表されている．この後，愛・地球博開催期間中の2005年7月に「追跡調査（予測・評価）報告書（その5）（会期終了後の工事の予測・評価結果）」が公表され，2006年10月には最後のアセス図書となる「追跡調査結果（モニタリング調査）報告書（平成17〜18年度）」が公表されている．

2. 多様な主体の参加を可能にした環境アセスメントの機能

　この一連の環境アセスメントの中でも，「実施計画書」から着工前の「環境影響修正評価書」の公表までの4年間は，会場計画が2度にわたり大きく変更され，その結果，環境アセスは複雑な議論が進行するプラットフォームとしての機能を果たした．そして，その過程においては事業主体である博覧会協会，主務官庁である通産省，地元自治体，自然保護団体を含む多くの市民団体の膨大な議論が展開された．この背景には，国際博覧会という事業自体が非常にまれな事業であったことや，跡地利用として想定されていた住宅開発や道路建設が一連のものとして計画されていたことなど，様々な特異な要因が挙げられる．しかしながら，環境影響評価法が成立し，わが国において環境アセスメントが普及し定着していくまさに黎明期において，その新しい時代のモデルを目指し取り組まれた一連の環境アセスは，我々に多くの示唆を残し，非常に大きな意義をもったものであったといえる．

　例えば，博覧会事業のような一過性のイベントのための事業や公園整備などの事業は，環境影響評価法の対象事業とはなっていない．しかしながら，今回の事例ではその規模や都市に隣

接する里山という立地条件，その後の土地利用などを総合的に判断し環境アセスメントが実施された．このように，環境アセスメントの必要性の判断において，対象事業の要件に縛られず，環境影響の大小を基に柔軟に判断する姿勢は，スクリーニングの基本として肝要な点であり，この事例の大切な教訓であるといえる．実際にこの事例では，この柔軟な判断こそが，その後の海上の森の保全という大きな成果につながっているといえる．一方で，会場候補地の検討において，方法書段階から代替案を含めた多角的な検討が進められていれば，より効率的な意思決定が実現していた可能性は大きい．このことから，早い段階で広範な意見を収集し，事業リスクを把握すること，それに対応した幅の広い環境アセスメントを行うということは，この事例の中でも最も重要な教訓の一つといえる．しかし，これら以外にも愛・地球博の環境アセスメントでは，多くの取り組みが試みられ，その後の環境アセスメントに重要な示唆を残している．次に，この環境アセスメントの特徴的な点をいくつかあげることでそれらを振り返っていこう．

❶ 情報公開・提供，参加機会確保の取り組み

　博覧会協会では，この環境アセスメントを通じて当初の博覧会アセス要領で定められていた手続きよりも充実した，情報公開，意見聴取や意見交換の機会を確保してきた．例えば，特定の場所におけるアセス図書の縦覧に加え，今では一般化したが当時はまだ珍しかったインターネットを利用した電子縦覧，CD-ROM などの電子媒体の利用，希望者への縦覧資料の貸出などがあげられる．さらに，環境情報の提供という面では，環境アセスメントで収集された環境情報をデジタルデータでアーカイブし，研究者や環境保護団体，一般市民にインターネットなどを通じて提供する試みも実施された．これらのシステムは GIS（地理情報システム）を用いて構築されており，視覚的に情報を表現することも可能になっている．現在，環境省では全国を対象に環境情報開示のためのプラットフォーム整備が進められており，当時のこれらの取り組みはまさに時代を先取りしたモデルであったといえる．

　また参加機会の確保についても，方法書に相当する実施計画書に対して複数回の説明会を実施するだけではなく，直接住民の声を聴く意見交換会も実施している．特に 1998 年 4 月に瀬戸市文化センターで開催された説明会では 300 人を超える参加者があり，地元住民の関心も非常に高かったことがわかる．また，一般の住民を対象としたものに加え，市民団体との意見交換会も実施され，5 月に愛知県庁で開催された意見交換会では 60 名近い参加者が集まり，博覧会協会と直接意見を交換した．このような取り組みは，当時の環境影響評価法の手続きにも定められておらず，幅広い意見の聴取を目指した博覧会協会の積極的な姿勢の現れであった．その後，2011 年の環境影響評価法の改正によって，方法書段階の説明会の実施が義務付けられていることから，これらの取り組みはその後のわが国の環境アセスメントのモデルの一つになっていたといえる．そしてこの積極的な情報公開と参加機会の確保の姿勢は，準備書，評価書，検討状況報告書，修正評価書の段階でも一貫して継続され，各々の段階で重要な役割を果たした．

❷ 専門家の果たした役割と合意形成の手法

　さらに，この環境アセスメントでは様々な形で専門家が関わり大きな役割を果たした．既に述べたように，主務官庁である通産省に手法の提示や助言を行った「手法検討委員会」と「環境影響評価会」の専門家会議，事業主体に環境アセスメントの手法について専門的な助言を行った「環境影響評価アドバイザー会議」，地元自治体である愛知県の県知事意見の提出に際して諮問を受け答申を行った「愛知県環境影響評価審査会」の役割は大きい．しかし，専門家

第11章　愛・地球博の環境アセスメントとその後

の役割はこれだけにとどまらず，事業主体である博覧会協会と地元自治体である愛知県が共同で設置した「国際博会場関連オオタカ調査検討会」では，1999年6月から愛・地球博の開催後にかけて全26回の会議がもたれ，オオタカの生息調査と保護対策の検討を進めた．これは，環境アセスメントにおいて重要な特定の問題が生じた場合に，アド・ホックな形で専門家の助言を得るための手法として極めて重要である．

また，会場計画に関する専門家会議として通産省，愛知県，博覧会協会，日本自然保護協会，日本野鳥の会，世界自然保護基金日本委員会の6者によって設置された「愛知万博検討会議（海上地区を中心として）」は，会場計画に関する非常に激しい議論を経ながらも，2000年12月には全13回の会議を終え，海上地区の会場計画について関係者の広範な合意の形成に成功した．これは，関係者が意思決定の場で直接議論を行うことで合意形成を目指す手法として，非常に有意義な取り組みであったといえる．なお，その後は「海上地区会場計画モニタリング委員会」として，会場設計，工法などについて検討を行っている．このように，この環境アセスメントでは，多くの専門家が様々な立場で関与し，その手法や技術に多くの知見をもたらした．また，この環境アセスメントでは，専門家会議のみでなく，様々な学会や専門団体，研究者から多くの意見書が提出され，博覧会協会はそれらの専門的な意見を検討し，計画への反映を図ってきた．このような取り組みは，環境アセスメントに欠くことのできない信頼性や科学的合理性を保証する上で，極めて重要なものである．

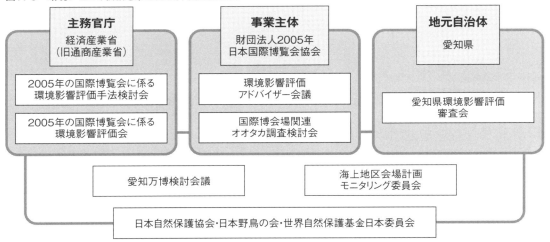

図11-3　環境アセスで役割を果たした専門家会議など

❸ 参加の議論の中で進められた調査，予測における新技術の導入

愛・地球博の施設・設備の設計，建築，運用，解体撤去には多くの新技術が導入され，様々な実験が行われた．そのための環境アセスメントにおいても，多くの最新手法が試みられた．ここではその中の一例としてシデコブシの保全に関する取り組みを紹介したい．シデコブシ自体は園芸に用いられることもあり庭木や公園樹として目にすることも多いが，その自生個体群は準絶滅危惧に指定されている日本の固有種である．特に，周伊勢湾要素の一種とされ，国内でも分布が東海地方の丘陵地域にある湿地などに限られる．そして，この環境アセスメントの調査の結果，会場候補地である海上の森の中でも，比較的地下水位が高く，かつ栄養塩類の少ない湧水がつくる谷筋の陽当りの良い湿地で，複数の個体群が分布していることがわかった．しかし，会場計画では，土地造成によってその一部の個体群の消失が免れない状況にあった．このような場合，従来の環境アセスメントではその量的な変化を影響として評価し，移植による代

償措置が採用されることが多かった．しかし，この環境アセスメントでは海上地区における個体群の消失は種の存続に重大なダメージを及ぼすと評価され，さらに分布の中心域での不用意な移植は遺伝的撹乱を招くことが懸念された．そこで，どの個体群であれば種の存続にあたって最も影響が少ないか，個体群ごとの遺伝的多様度と個体群間の遺伝的関係をアロザイムによる遺伝子分析から検討する手法が採用された．まず，海上地区およびその周辺に分布する19の個体群すべてから葉のサンプルを採取し（全518個体），これらの個体群ごとの遺伝子多様度について個体群の遺伝的変異量を評価することで確認し，その上で個体群ごとの遺伝的関係について整理した．これによって，遺伝子多様度の低下および遺伝的関係性の単純化を回避するという保全方針の下に，会場候補地内の会場計画Ⅰ案と会場計画Ⅱ案の造成計画によって消失する個体群の影響を，遺伝子多様度と遺伝的

関係の変化，希少対立遺伝子の消失の観点から評価するという手法が試みられた．

　結果的には，海上地区のすべてのシデコブシの個体群を保全できる基本計画が採用されたため，上記の影響は生じなかったが，この分析手法は希少植物の保全について，遺伝子レベルで影響を評価し保全措置の検討を可能にする技術の確立という意味で意義のあるものであった．このように，環境アセスメントの中で，その時点で利用可能な最良の手法を利用するという考え方は，BAT（Best Available Technology）と呼ばれ，その後の環境アセスメントの考え方の中では重要な概念の一つになっている．愛・地球博の環境アセスメントにおいては，このようなBATの考え方が随所に積極的に取り入れられた面があり，わが国の環境アセスメントにおけるBATの考え方の普及において極めて有益な取り組みであった．

3. 環境アセスメントの参加から維持管理の仕組みづくり，担い手の議論へ

① 市民の手により引き継がれるレガシー

　このような環境アセスメントの結果，500haを超える里山環境を有する「海上の森」が保全されることとなった．これは，環境アセスメントを通じて自然環境保全のために様々な活動を展開した，地元の住民，環境保護団体や専門家，研究者，事業者，行政など多くの関係者の努力の成果であったといえる．そしてこの環境アセスメントを通じて，海上の森に関する様々な環境情報，その管理・保全のノウハウ，そして海上の森に関わる人的ネットワークなど，多くの貴重な財産が築かれていった．この貴重な財産を，海上の森の将来にどのようにして生かしていくかが新たな課題となった．そんな中，会場候補地検討の際に海上の森の保全において中心的な役割を担った会議の一つである愛知万博検討会議について，愛知県はその後継組織として「里山学びと交流の森検討会」を立ち上げた．この検討会の議論の結果は，2003

年11月に「里山学びと交流の森づくりの取り組み」として公表された．

　この中において，愛・地球博の実施に至るまでの取り組みとその成果を継承し，そしてこの地域の自然や先人の知恵，古くからの技術，地域の生活術から学び，幅広い多様な人々が自ら様々な活動や勤労を通して学習し，参加交流する新しい県民活動の場としていくという方針が示された．このような議論を経て，市民が自ら活動する組織の必要性が明らかになり，準備会合を経て2004年12月に「海上の森の会（2008年4月よりNPO法人）」が設立された．設立にあたって，発起人のメンバーは，「海上の森を大切に思い参加に意欲のある人なら誰でも加われる組織を作りたい」，「海上の森を巡る過去には重たいものもあるが参加者が心を一つにして新しい里山づくりを目指したい」と語っている．このようにして愛知県と地域の協働に

第11章　愛・地球博の環境アセスメントとその後

よって設立されたNPOは，この後，海上の森の調査，保全，整備，活用そして普及啓発や市民への学習機会の提供など，この地を舞台に多岐にわたる役割を担っている．行政や地元住民，地域の学校，企業，ボランティアの人々など，多様な主体と連携，協働し，まさに市民の手によって海上の森と愛・地球博の成果という貴重な財産を将来世代へ引き継ぐべく活動を継続している．

❷ 行政と市民の協働が実現する新しい時代の共生のモデル

これらの市民の積極的な活動の背景には，行政による支援，協働の存在がある．海上の森の会が設立からほどなくして，2006年3月には「あいち海上の森条例」が愛知県条例として制定された．これは，愛・地球博の理念「人と自然が共生する社会の実現」とその成果を未来に向けて継承することを目的に制定されたもので，海上の森の保全および活用に関する県の責任を明確にするとともに，そのための保全活用計画の策定とこれに基づいた計画的な施策の実施を定めている．これをうけて愛知県は，2007年3月に「海上の森保全活用計画」を策定し，海上の森の会をはじめとする地元の団体や企業などと協働し，様々な調査，保全，活用の事業を展開してきている．さらに2016年3月には，その成果と課題を踏まえて，新たに「海上の森保全活用計画2025」を策定している．この計画では，今後の10年間も，継続して森林や湿地などのモニタリング調査や猛禽類，希少生物の生息状況調査，森林，農地

写真11-1　海上の森の様子

里山サテライト（愛称：かたりべの家）．休憩施設と体験学習施設を兼ね備える．体験型イベントなどの時に拠点として利用されるが，通常は，散策者に開放されている．

里山サテライトの内側．写真は開放時．普段は散策者が自由に休憩できる．30人程度のイベントであれば十分なスペースが有り，イベントに用いる農機具なども収納されている．

海上の森のほぼ中央に位置する海上砂防地．写真は灌漑期の様子で，農閑期は水を抜き沢になる．土砂が堆積した流入部はリスアカネなどの産卵場所になっている．

あいち海上の森センター（本館）．森の木々に囲まれるような佇まいで景観に調和している．里山に関する学習と交流，調査情報機能の拠点．

の整備を実施するとともに，これまでの取り組みをさらにステップアップして，人と自然が共生する社会づくりのモデルとして発展させていくことを目指すとしている．また，あいち海上の森条例では，これらの取り組みの拠点となる施設についても定めており，愛知県は2006年9月に愛・地球博の瀬戸会場の施設の一部（瀬戸愛知県館）を改修して，里山に関する学習と交流，調査情報機能の拠点として「あいち海上の森センター（本館）」を整備している．この他にも，海上の森のほぼ中央に，休憩施設と体験学習施設を兼ね備える里山サテライト（愛称：かたりべの家）を2005年3月に整備している．これは，かつてこの地にあった古民家を再生利用しており，その整備は，ボランティア団体「海上古民家再生プロジェクト実行委員会」との協働で進められた．

　さらに，これらの協働の姿勢は民間企業も巻き込む形に発展している．「海上の森企業連携プロジェクト」では，2015年までに，10社の民間企業がＣＳＲ活動の取り組みの一つとして，約5 haの保全活動を実施してきた．さらに，

海上の森に生育する希少植物の保全について，企業と協定を締結し連携した取り組みが進められている．今後も企業などとの連携を推進するために，関連行事に対する協賛や後援といった新たな参加手法の実施が試みられている．

　そしてこれらの取り組みは，海上の森のみを対象とした計画に限られず，愛知県の「食と緑の基本計画2020」や「あいちのみどり2020」，「あいち生物多様性戦略2020」など関連する計画や施策と連携し，広域的な取り組みの中でも位置づけられている．また，地元自治体である瀬戸市では，年間を通じて開催する「瀬戸環境塾」の講座の中に海上の森の学習を位置づけ，県や海上の森の会と連携した市民講座を実施している．

　このように，愛・地球博の開催にあたり様々な議論を呼んだ環境アセスメントは，海上の森というかけがえのない自然環境を我々と将来世代に残したのみでなく，あらゆる人々が協力してその環境を学び，守り，育んでいくという，人と自然が共生する社会という新しいモデルの出発点となっている．

第 11 章　愛・地球博の環境アセスメントとその後

図11-4　愛知県と市民団体などとの共同の枠組み（出典：愛知県　2016「海上の森保全活用計画　2025」）

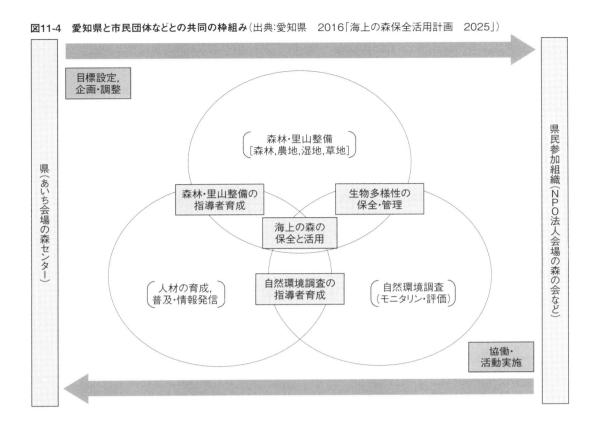

第12章 都心部開発事例

　東京駅周辺では，東京都環境影響評価条例に基づき民間事業者により環境アセスメントの対象事業が数多く，かつ，集中して実施されている．本章では，都市部開発事業に係る環境アセスメントを取り上げ，事業実施に伴う環境配慮の内容などを整理するとともに，地域への影響・効果を考察する．

1. 東京都環境影響評価条例に基づく 環境影響評価手続き

① 沿革

　東京都では，1981年10月から，一定規模以上の事業の実施に際し，公害の防止，自然環境，歴史的環境の保全および景観の保持などについて適正な環境配慮がなされるよう「東京都環境影響評価条例」に基づいたアセス手続きを実施している．

　1998年12月の条例改正で調査計画書に係る手続きが追加され，2002年7月の条例改正で計画段階アセス手続きが追加された．

　また，都市再生の推進を図るための「都市再生特別措置法」の成立を受け，同法が都市機能の高度化及び都市の居住環境の向上を目的として，都市再生緊急整備地域における民間都市開発事業の促進を図る観点から，許認可など関係手続き，とりわけ都市計画に係る手続きの迅速な処理を主眼の一つとしている．この一環として，都市再生特別地区については，民間事業者から都市計画素案の提出が可能とされ，6か月以内に都市計画上の取り扱いを決定する．この提案計画に係る事業が環境影響評価法対象事業に該当する場合には，計画提案前にアセス手続きを終了させておくこととされている．「都市再生特別措置法」の趣旨に応えるとともに，環境基本条例に定める「良好な環境の確保」の観点を十分踏まえ，適切な対応を図ることが必要とされている．

　このため，都市再生緊急整備地域における民間都市開発事業について，都市計画手続きに先行しつつ都市計画手続きと一部並行してアセス手続きを進めるため，都市再生特別地区として指定された地域における事業，特に「高層建築物の新築」については，過去の知見を活用し，あらかじめ調査項目の設定が可能となっている．

　なお，計画段階のアセス手続きは，当分の間は適用対象を東京都が策定する計画に限定することとされており，2018年7月時点でも同様の扱いとなっている．また，2018年12月の条例改正により施設更新の手続きの明確化などがなされている．

② 対象事業と規模要件

　東京都環境影響評価条例の対象事業種と規模要件は，表12-1のとおり規定されている．同条例の実施案件は，2019年1月時点で合計353件（中断や条例改正に伴い途中で対象外となったものを含む）である．事業種別の案件数は，高層建築物が最も多く75件，次いで鉄道など46件，道路42件，住宅団地40件，廃棄物処理施設40件と続いている．特に，東京都心部では多くの高層建築物が「高層建築物の新築」の規模要件に該当し手続きを実施している．

第12章　都心部開発事例

表12-1　対象事業種と規模要件（事業段階）と案件数

	対象事業の種類	対象事業の要件	案件数
1	道路	高速自動車国道・自動車専用道路の新設,4車線道路1 km以上など	42
2	ダム,湖沼水位調節施設,放水路,堰	ダム(高さ15 m以上かつ潅水面積75 ha以上)など	0
3	鉄道,軌道またはモノレール	鉄道・軌道・モノレールの新設など	46
4	飛行場	陸上飛行場・陸上ヘリポートの新設など	10
5	発電所または送電線路	火力11.25万kw以上の新設など	2
6	ガス製造所	製造能力150万Nm³/日以上の新設など	0
7	石油パイプラインまたは石油貯蔵所	導管が15kmを超える石油パイプライン(地下埋設部分を除く)など	0
8	工場	製造業で公害型の工場(敷地9,000m²以上または建築面積3,000m²以上)	18
9	終末処理場	敷地5ha以上または汚泥処理能力100 t/日以上の設置など	1
10	廃棄物処理施設	ごみ処理施設(処理能力合計200 t/日以上)の設置など	40
11	埋立てまたは干拓	埋立てまたは干拓面積15 ha以上	6
12	ふ頭	係船岸の水深12 m以上かつ長さ240 m以上	3
13	住宅団地	住宅戸数1,500戸以上	40
14	高層建築物	高さ100 m超(塔屋など含む)かつ延べ面積10万m²超(駐車場など含む) ★特定の地域の緩和あり　⇒　高さ180 m超かつ延べ面積15万m²超	75
15	自動車駐車場	路外駐車場1,000台以上(住宅の居住者用除く)の新設,増加する 駐車能力500台以上かつ増設後に1,000台以上の増設	24
16	卸売市場	敷地面積10ha以上の新設など	3
17	流通業務団地造成事業	すべて	0
18	土地区画整理事業	事業区域面積40 ha以上(樹林地15 ha以上含む場合は20 ha以上)	17
19	新住宅市街地開発事業	施行区域面積40 ha以上	0
20	工業団地造成事業	すべて	0
21	市街地再開発事業	施行区域面積20 ha以上	2
22	新都市基盤整備事業	すべて	0
23	住宅街区整備事業	施行区域面積20 ha以上	0
24	第二種特定工作物	事業区域面積40 ha以上の設置 (樹林地15ha以上含む場合は20ha以上)など	1
25	建築物用の土地の造成	事業区域40 ha以上(樹林地15ha以上含む場合は20 ha以上)	8
26	土石の採取または鉱物の採掘	施行区域面積10 ha以上	15

案件数は,2019年1月末時点.なお,中止案件も含む.

❸ 概略フローと作成図書

東京都環境影響評価条例の概略手続きは，図12-1に示すとおりである．

手続きの中で作成する主要な図書としては，環境配慮書，調査計画書，評価書案，見解書，評価書，事後調査計画書，事後調査報告書，である．

この他，計画変更に伴い必要に応じて変更届出書を作成する．

[環境配慮書]（特例環境配慮書も含む）
- 従前よりも上位の計画段階に，採用可能な複数の計画案と環境面の比較を行った図書
  ※当面「東京都」の事業のみ

[調査計画書]
- 環境影響の調査・予測・評価の方法などを記載した図書

[評価書案]
- 調査計画書の審議を経て決定した方法にのっとり，当該事業による環境影響に係る調査・予測・評価を実施し，また，環境保全措置の検討などを行い，これらの内容を記載した図書

[見解書]
- 評価書案に対する関係市町村や住民などからの意見書に対する事業者の見解を示した図書

[評価書]
- 評価書案に対する審議を経て出された知事意見を踏まえて評価書案を見直した図書

[事後調査計画書]
- 事後調査の内容・方法・時期などの計画を記載した図書

[事後調査報告書]
- 事後調査の結果や環境保全措置の内容を記載した図書

図12-1 手続き概略フロー

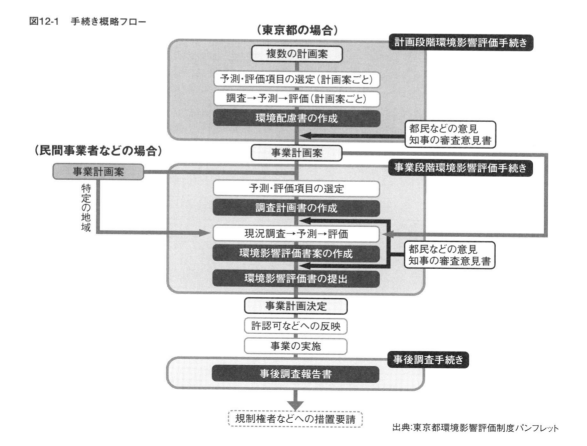

出典：東京都環境影響評価制度パンフレット

第12章 都心部開発事例

❹ 特定の地域と緩和事項

2002年7月の条例改正により，良好な環境を確保しつつ都市機能の高度化を推進する地域（＝特定の地域）が指定され，「高層建築物」「集合住宅」に関する緩和事項が盛り込まれている．

■規模要件の緩和：「高層建築物」のみ

高さ100m超[※1]かつ延べ面積10万m²超[※2]
→高さ180m超[※1]かつ延べ面積15万m²超[※2]

※1：階段室，昇降機塔などを含む
※2：駐車場面積を含む

■手続きの緩和：「高層建築物」「住宅団地」2事業種
→「調査計画書」の手続きを要しないことが可能

なお，上記以外の事業種にも該当する場合（例えば路外駐車場を1,000台以上確保する場合など）は，緩和が適用されない．

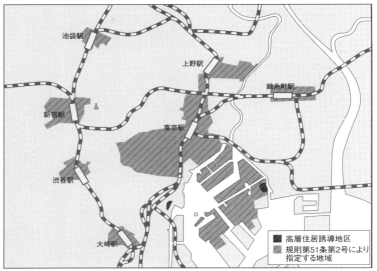

図12-2 良好な環境を確保しつつ都市機能の高度化を推進する地域（特定の地域）

2. 東京駅周辺における環境アセスメント実施事業について

❶ 実施案件の概要

東京駅周辺において，東京都環境影響評価条例に基づく環境アセスメントの手続きを実施（途中対象外となった事業や手続き中の事業を含む）した事業は2019年1月現在で合計15件ある．（表12-2参照）

東京駅を取り囲む街区のほとんどがアセス対象となっている．（図12-3参照）

図12-3 東京駅周辺における環境アセスメント実施事業位置図

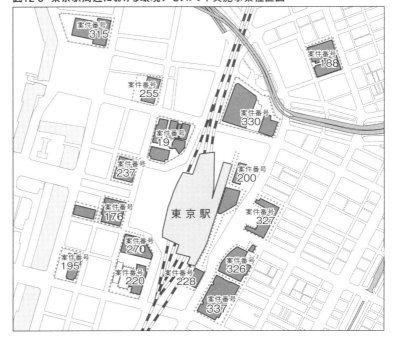

表12-2　東京駅周辺における環境アセスメント実施事業の概要

案件番号	名称	延床面積	最高高さ	着工前作成図書※1	期間(ヶ月)※1 調～案, 案～評	備考	
176	丸の内二丁目2-1他街区開発事業	A街区:約157,000㎡ B街区:約61,000㎡	A街区:約180m B街区:約115m	－ 案 見 評	-,10	H15.4対象外 竣工済	第1回条例改正後
188	(仮称)日本橋室町二丁目ビル建設事業	約190,700㎡(既存含む)	約194m	－ 案 見 評	-,12	H14.7対象外 竣工済	
195	(仮称)丸の内二丁目1街区ビル建設事業	約182,000㎡	約150m	－ 案 見 評	-,10	H14.7対象外 竣工済	
197	(仮称)丸の内1丁目1街区開発計画	約335,000㎡	約160m 他3棟	－ 案 見 評	-,8	H14.7対象外 竣工済	
200	(仮称)丸の内1-1八重洲口複合ビル建設計画	約177,000㎡	約186m	－ 案 － －	-,-	H13.7.5廃止 竣工済	
220	東京ビルヂング建替事業	約150,000㎡(既存建物除く)	約166m	調 案 － －	12,-	H14.7対象外 竣工済	
228	東京駅八重洲口開発事業	約350,000㎡	約215m	調 案 見 評	14,10	竣工済	
237	丸の内一丁目4街区建設事業	約195,000㎡	約198m	－ 案 見 評	-,10	竣工済	
255	(仮称)大手町1-6開発事業	約200,000㎡	約200m	－ 案 見 評	-,8	竣工済	第2回条例改正後
270	(仮称)丸の内2丁目7番計画建設事業	約215,000㎡	約200m	－ 案 見 評	-,7.5	竣工済	
315	大手町一丁目2地区開発事業	約352,000㎡	A棟:約155m B棟:約200m	－ 案 見 評	-,9	事後調査(工事中)	
326	八重洲二丁目北地区第一種市街地再開発事業	約293,600㎡	約245m	－ 案 見 評	-,10	事後調査(工事中)	
327	東京駅前八重洲一丁目東地区第一種市街地再開発事業	約240,000㎡	約250m	－ 案 見 評	-,13.5	評価書	
330	大手町二丁目常盤橋地区第一種市街地再開発事業(旧称:(仮称)大手町地区D-1街区計画)	約680,000㎡	A棟:約230m B棟:約390m 他2棟	－ 案 見 評	-,10.5	事後調査(工事中)	
337	八重洲二丁目中地区第一種市街地再開発事業	約418,000㎡	約240m	－ 案 見 評	-,14	評価書	

東京都ホームページの掲載情報を基に作成.2018年10月
http://www.kankyo.metro.tokyo.jp/assessment/information/projects_list/index.html
※1:「調」=調査計画書,「案」=評価書案,「見」=見解書,「評」=評価書
※調査計画書は,1998年12月の条例改正で手続きが追加された.その後,2002年7月の条例改正で,良好な環境を確保しつつ都市機能の高度化を推進する地域(=特定の地域)における高層建築物案件については,手続きを要さなくなった.

② 概略スケジュール

　着工前手続き期間は,1998年12月の条例改正で調査計画書に係る手続きが追加される以前の案件は約8～12か月であった.調査計画書の手続きが追加された案件は約24か月であった.

　特定の地域の手続き緩和,および,評価書案に係る見解書の説明会および都民などの意見書に係る手続きについて省略された後の案件は約8～14か月となっている.

③ 予測評価項目の選定状況

　予測評価項目として選定されてきた項目は,大気汚染,騒音・振動,地盤,地形・地質,水環境,日影,電波障害,風環境,景観,史跡・文化財,廃棄物,温室効果ガス,である.2002年7月の条例改正により,東京都環境影響評価条例第40条第4項に規定する「良

好な環境を確保しつつ都市機能の高度化を推進する地域」（＝「特定の地域」）が指定された．特定の地域における「高層建築物」「集合住宅」に関しては，環境影響評価の項目についても緩和が図られている．東京駅周辺は特定の地域に指定されていることから，2002年7月以降に手続きを開始した案件（案件番号237以降）は，同施行規則第54条に定める環境影響評価についての項目を，大気汚染，騒音・振動，日影，電波障害，風環境，景観，史跡・文化財，の7項目の中から選定されている．（表12-3参照）

表12-3　東京駅周辺における環境アセスメント実施事業の概要

件名	区分	環境影響要因（行為・要因）	CO	NO2	SPM	悪臭	騒音・振動	水質汚染	土壌汚染	地盤	地形・地質	水循環	生物・生態系	日影	電波障害	風環境	景観	史跡・文化財	自然との触れ合い活動の場	廃棄物	温室効果ガス
176 丸の内二丁目2-1他街区開発事業 [丸の内ビルディング]	工事の施行中	建物の解体・建設	●	●			●			●	●	●									
		工事用車両の走行	●	●			●														
	工事の完了後	建物の存在												●	●	●	●				
		発生集中交通車両の走行	●	●			●														
		地下駐車場からの排気	●	●																	
		コージェネレーション施設の稼働		●																	
188 （仮称）日本橋室町二丁目ビル建設事業	工事の施行中	施設の建設	●	●			●			●			●				●				
		工事車両																			
	工事の完了後	建築物の存在												●	●	●					
		開発交通	●	●																	
		駐車場	●	●																	
		冷暖房施設		●																	
195 （仮称）丸の内二丁目1街区ビル建設事業 [丸の内MYPLAZA]	工事の施行中	建物の解体・建設	●	●			●			●							●				
		工事用車両の走行	●	●			●														
	工事の完了後	建築物の存在												●	●	●					
		発生集中交通車両の走行	●	●																	
197 （仮称）丸の内1丁目1街区（東京駅丸の内北口）開発計画 [丸の内オアゾ]	工事の施行中	建物の解体・建設	●	●	●		●			●										●	
		工事用車両の走行	●	●	●		●														
	工事の完了後	建物の存在・供用												●	●	●	●			●	●
		関連車両の走行	●	●			●														
		地下駐車場の供用	●	●																	
200 （仮称）丸の内1-1八重洲口複合ビル建設計画 [丸の内トラストタワー（本館・N館）]	工事の施行中	建設機械の稼働					●											●			
		工事用車両の走行					●											●			
		地下掘削工事									●							●			
	工事の完了後	計画建築物の存在												●	●	●					
		開発交通車両の走行	●																		
		地下駐車場からの排気	●																		
		冷暖房施設	●																		
220 東京ビルヂング建替事業 [TOKIA]	工事の施行中	建物の解体・建設	●				●														
	工事の完了後	建物の存在												●	●	●				●	●
		発生集中交通車両の走行	●																		
228 東京駅八重洲口開発事業 [グラントウキョウノースタワー／サウスタワー]	工事の施行中	建設機械の稼働	●	●			●														
		工事用車両の走行	●	●																	
		地下掘削						●	●								●			●	
	工事の完了後	計画建築物の存在・供用	●											●	●	●				●	●
		関連車両の走行	●	●																	
		地下駐車場からの排気	●																		
237 丸の内一丁目4街区建設事業 [新丸の内ビルディング]	工事の施行中	建設機械の稼働	●	●																	
		工事用車両の走行	●	●																	
	工事の完了後	計画建築物の存在・供用												●	●	●					
		関連車両の走行	●	●																	
		駐車場の供用	●	●																	
255 （仮称）大手町1-6開発事業 [旧みずほ銀行, 旧大手町フィナンシャルセンター]	工事の施行中	建設機械の稼働	●	●			●														
		工事用車両の走行	●	●																	
	工事の完了後	建物の存在												●	●	●	●				
		関連車両の走行	●																		
		熱源施設の稼働	●																		
		駐車場からの排気	●																		
270 （仮称）丸の内二丁目7番計画建設事業 [JPタワー]	工事の施行中	建設機械の稼働	●	●			●														
		工事用車両の走行	●	●																	
	工事の完了後	計画建築物の存在・供用												●	●	●					
		関連車両の走行	●	●																	
		地下駐車場の供用	●	●																	

表12-3　東京駅周辺における環境アセスメント実施事業の概要（つづき）

件名	区分	環境影響要因（行為・要因）	大気汚染 CO	NO2	SPM	悪臭	騒音・振動	水質汚染	土壌汚染	地盤	地形・地質	水循環	生物・生態系	日影	電波障害	風環境	景観	史跡・文化財	自然との触れ合い活動の場	廃棄物	温室効果ガス
315 大手町一丁目2地区開発事業	工事の施行中	建築物の建設																●			
		建設機械の稼働	●	●			●														
		工事用車両の走行	●	●																	
	工事の完了後	建築物の存在												●	●	●	●	●			
		施設の供用	●																		
		関連車両の走行	●	●																	
		駐車場の供用	●	●																	
326 八重洲二丁目北地区第一種市街地再開発事業	工事の施行中	建設機械の稼働	●	●			●														
		工事用車両の走行	●	●																	
	工事の完了後	計画建築物の存在												●	●	●	●				
		関連車両の走行	●	●																	
		地下駐車場の供用	●	●																	
		熱源施設の稼働	●																		
327 東京駅前八重洲一丁目東地区第一種市街地再開発事業	工事の施行中	建設機械の稼働	●	●			●														
		工事用車両の走行	●	●			●														
	工事の完了後	計画建築物の存在												●	●	●	●				
		関連車両の走行	●	●																	
		地下駐車場の供用	●	●																	
		熱源施設の稼働	●																		
330 大手町二丁目常盤橋地区第一種市街地再開発事業［(仮称)大手町地区D-1街区計画］	工事の施行中	建設機械の稼働	●	●			●														
		工事用車両の走行	●	●																	
		その他計画建築物の建設																●			
	工事の完了後	計画建築物の存在・供用	●											●	●	●	●	●			
		関連車両の走行	●	●																	
		駐車場の供用	●	●																	
337 八重洲二丁目中地区第一種市街地再開発事業	工事の施行中	建設機械の稼働	●	●			●											●			
		工事用車両の走行	●	●																	
	工事の完了後	計画建築物の存在												●	●	●	●				
		関連車両の走行	●	●																	
		地下駐車場の供用	●	●																	
		熱源施設の稼働	●																		

※2002年7月以降に手続きを開始した案件（案件番号237以降）は，同施行規則第54条に定める環境影響評価の項目を，大気汚染，騒音・振動，日影，電波障害，風環境，景観，史跡・文化財，の7項目の中から選定していることから，その他の環境項目欄は灰色に着色した．

【大気汚染】

- 一酸化炭素（CO），二酸化窒素（NO2），浮遊粒子状物質（SPM）が予測評価の対象とされてきている．

〈一酸化炭素（CO）〉

- 1995年時点は予測評価の対象とされていたが，当時既に周辺の全測定局で環境基準が達成されており，事業に伴う付加率も高くないため，2000年度以降に提出された案件では予測評価の対象となっていない．

〈二酸化窒素（NO2）〉

- 都心部における高層建築物の建設は，面的な事業と比較して狭い敷地で工事が行われることが一般的であり，建設機械が敷地境界付近で稼働するため，工事中の建設機械の稼働に伴う付加率が大きくなる傾向がある．
- 工事中の工事用車両の走行に伴う付加率は比較的小さい．
- 工事完了後の関係車両の走行に伴う付加率は小さい．
- 工事完了後の駐車場からの影響は比較的小さい．
- 工事完了後の熱源施設の稼働に伴う付加率は極めて少ない．

〈浮遊粒子状物質（SPM）〉

- 1999年当時の浮遊粒子状物質（SPM）を減らすためのディーゼル車排ガス規制の推進に呼応し，2000年頃から予測評価対象となっている．
- 工事中の建設機械の稼働に伴う付加率が大きくなる傾向がある．
- 工事中の工事用車両の影響は小さい．環境基準も満足している．
- 工事完了後の関係車両や駐車場の影響は小さい．

第12章　都心部開発事例

【騒音・振動】

〈騒音〉

● 東京駅近傍の道路交通騒音は，環境基準を超える地点が存在している．

● 都心部における高層建築物のアセスでは，比較的狭い敷地で工事が行われ，建設機械が敷地境界付近で稼働することから，工事中の建設機械の稼働に伴う騒音の影響に配慮が必要と考えられる．

● 工事中の工事用車両の影響は小さいものの，環境基準を満足していない地点が存在することから，今後も予測評価が必要と考えられる．

● 供用後の関係車両の影響は当初予測対象であったが，複数のアセスが実施された結果，事業に伴う増分が僅かであったことから2000年以降予測評価の対象となっていない．

● 建設作業騒音の予測は，工種ごとの建設機械のユニットごとに，敷地境界に再接近する状況を想定して予測を行っている事例が多い（面開発では，一般的に建設機械のパワーレベル合算ピークの状況で，敷地内に配分して予測する方法が取られているが，この手法は都心の高層建築物の工事の予測手法として必ずしも適切ではないとの考え）．

〈振動〉

● 東京駅近傍の道路交通振動は，「振動規制法」に基づく道路交通振動の要請限度や「都民の健康と安全を確保する環境に関する条例」に基づく日常生活などに適用する振動の規制基準以下となっている．

● 都心部における高層建築物のアセスでは，比較的狭い敷地で工事が行われ，建設機械が敷地境界付近で稼働することから，工事中の建設機械の稼働に伴う振動の影響に配慮が必要と考える．

● 都心部において，工事中の工事用車両の影響は小さく，要請限度や規制規準を大幅に下回っている状況となっている．

● 供用後の関係車両の走行の影響は当初予測対象であったが，事業に伴う振動レベルの増分が僅かであり，要請限度や規制規準を下回る結果であったことから，現在は予測評価の対象となっていない．

【地盤・地形・地質】

● 東京都心部の高層建築物は，強固な支持地盤で支える設計となっていることや，地下掘削工事の際に遮水性の高い山留壁を透水性の低い層まで施工し，地下水の流入を防ぐ工法を採用することが一般的であり，条例改正に伴い特定の地域における手続き緩和の対象項目となったこともあり，現在は予測評価の対象として選定されていない．

【日影】

● 日影は都市計画法で区分された用途地域別に日影規制時間が指定されている．

● 東京駅周辺は日影規制対象外区域である．西側に離れて位置する皇居東御苑および皇居外苑が日影規制の対象区域となっている．

● 高層建築物の日影は遠方に及ぶことや，近隣住民の関心も高い項目であり，関係地域に周知するために項目選定の対象となっている．

● 時刻別日影図や等時間日影図，近傍地点における合成天空写真などを用いて予測評価している．

【電波障害】

● テレビ電波障害として，地上波放送と衛星放送に対する障害範囲の予測を行っている．2011年7月に東北3県（岩手・宮城・福島）を除く44都道府県において，翌年3月末に東北3県においてアナログ放送が終了し，地上テレビジョン放送はアナログ放送からデジタル放送に移行した．特にアナログ放送に関しては，高層建築物の存在により遠方まで

遮蔽障害，反射障害を発生させていたが，地上デジタル放送への移行により反射障害が出にくくなった．また，首都圏では送信が東京タワーから東京スカイツリーに切り替わり，送信高が高くなったことなどから障害範囲が従来よりも大幅に小さくなっている．

【風環境】
- 高層建築物で最も懸念される項目である．風洞実験による予測評価が主流となっている．指針改定前には数値シミュレーションにて予測を行った案件も存在していたが，技術指針の改定以降は風洞実験による予測評価が行われている．
- 東京駅丸の内側駅前の建物は，低層建物を保存・再現する建物が多く，低層屋上が風環境の維持に効果を発揮しているものと考えられる．

【景観】
- 「地域景観の特性の変化の程度」「代表的な眺望地点からの眺望の変化の程度」について，モンタージュ写真を活用して予測評価を行っている．また，「圧迫感の変化の程度」について天空写真を撮影し，形態率を算出して予測評価を行っている．

【史跡・文化財】
- 対象事業実施区域に史跡・文化財が存在する場合に選定している．

④ 実施案件の説明会・都民意見の状況

2002年7月の条例改正以降の事例（案件番号220以降）では，評価書案の説明会の回数が2回程度，説明会への出席者は100名程度，都民意見書の数は数件となっている．また，都民の意見を聞く会（公聴会）の開催についても，半数の案件で公述人の申し出がなく開催していない．都心部であり，居住者が少ないことも関係しているものと考えられる．

表12-4　説明会，都民意見，都民の意見を聴く会

案件番号	評価書案説明会／見解書説明会※1	都民意見書※2(調査,評案,見解)	都民の意見を聴く会(旧称:公聴会)
176	12回,385人／9回,157人	−,1件,7件	公述人6人,傍聴人55人
188	14回,310人／9回,121人	−,3件,1件	公述人0人(開催せず)
195	8回,149人／5回,59人	−,2件,1件	公述人0人(開催せず)
197	5回,201人／4回,105人	−,2件,0件	公述人0人(開催せず)
200	8回,97人／−	−,0件,−	公述人0人(開催せず)
220	2回,134人／−	0件,0件,−	公述人0人(開催せず)
228	2回,168人／−	6件,6件,−	公述人2人,傍聴人18人
237	1回,127人／−	−,2件,−	公述人0人(開催せず)
255	2回,151人／−	−,2件,−	公述人0人(開催せず)
270	2回,103人／−	−,1件,−	公述人6人,傍聴7人
315	2回,不明(都HP記載なし)／−	−,0件,−	公述人0人(開催せず)
326	2回,115人／−	−,2件,−	公述人2人,傍聴12人
327	2回,89人／−	−,3件,−	公述人2人,傍聴14人
330	2回,不明(都HP記載なし)／−	−,2件,−	公述人0人(開催せず)
337	2回,107人／−	−,1件,−	公述人10人,傍聴27人

※1：案件番号220番以降では，2002年の条例改正に伴い，評価書案に係る見解書の説明会及び都民などの意見書に係る手続きが省略された．
※2：「調査」=調査計画書，「評案」=評価書案，「見解」=見解書．調査計画書に係る手続きは1998年の条例改正で追加された．一方，2002年の条例改正に伴い，評価書案に係る見解書の説明会及び都民などの意見書に係る手続きが省略された．

⑤ 審議会の開催回数

東京都環境影響評価審議会は，取り扱う案件数が多いことから，2つの部会にて事案を分担して審査にあたっており，その結果を総会に報告する形式である．

平成29年度は，第一部会9回，第二部会9回，総会12回，合計30回の審議会を開催している．

3. 都心部高層建築物アセスの事例
大手町二丁目常盤橋地区第一種市街地再開発事業
[旧称：(仮称)大手町地区D－1街区計画(常盤橋計画)]

① 事業の概要

本事業は，東京駅周辺で最大となる敷地面積3.1haの大規模複合再開発であり，街区内の下水ポンプ所や変電所といった都心の重要インフラの機能を維持しながら10年超の事業期間をかけて段階的に4棟のビル開発を進めるものである．東京の新たなランドマークとなる高さ390mの超高層タワーや東京駅前の新たな顔となる約7,000m²の大規模広場などを整備する計画である．

表12-5 建物規模など

	A棟	B棟	C棟	D棟
計画地面積	約35,000m²			
敷地面積	約31,400m²			
延床面積	約680,000m²			
最高高さ	約230m	約390m	(地下建築物)	約65m
主要用途	事務所，店舗			

図12-4 配置図

※この図は，環境影響評価書案－(仮称)大手町地区D-1街計画より一部引用して加工．

図12-5 パース 外観イメージ(日本橋川方面より)

左図　出典：「常盤橋街区開発プロジェクト」計画概要について
　　　　　　(2015年8月31日　三菱地所株式会社　報道発表資料)
右図　出典：(仮称)大手町地区D-1街区計画
　　　　　　「環境影響評価書案」のあらまし
　　　　　　(2016年7月)

❷ 評価書案に関して（選定項目，予測評価の結果，環境保全の措置）

計画地は，東京都環境影響評価条例第40条第4項に規定する「良好な環境を確保しつつ都市機能の高度化を推進する地域」内にあり，同施行規則第54条に定める環境影響評価の項目，大気汚染，騒音・振動，日影，電波障害，風環境，景観，史跡・文化財，の7項目を選定している．

なお，温室効果ガス排出削減については「都民の健康と安全を確保する環境に関する条例」に基づく建築物環境計画書制度手続きの実施により，また，土壌汚染に関しては土壌汚染対策法に基づく手続きの実施により，緑化の質や量に関しては「東京における自然の保護と回復に関する条例」や「千代田区緑化推進要綱」に基づく手続きの実施により，それぞれ環境配慮を実施している．

表12-6　選定項目

環境影響評価の項目	工事の施行中			工事の完了後		
	建設機械の稼働	工事用車両の走行	その他計画建築物の建設	計画建築物の存在・供用	関連車両の走行	駐車場の供用
大気汚染	●	●		●	●	●
騒音・振動	●	●				
日　影				●		
電波障害				●		
風環境				●		
景　観				●		
史跡・文化財			●	●		

●印は、選定した環境影響評価項目

表12-7　評価書における環境に及ぼす影響の評価の結論，環境保全のための措置

項目		評価の結論	環境保全のための措置
大気汚染	工事の施行中	**【建設機械の稼働に伴う二酸化窒素及び浮遊粒子状物質の大気中における濃度】** 　二酸化窒素の日平均値の年間98％値は環境基準（0.06ppm以下）を上回り，寄与率は46.7％． 　浮遊粒子状物質の日平均値の2％除外値は環境基準（0.10mg/㎥以下）以下で，寄与率は22.6％． **【工事用車両の走行に伴う二酸化窒素及び浮遊粒子状物質の大気中における濃度】** 　二酸化窒素の日平均値の年間98％値は環境基準（0.06ppm以下）以下，寄与率は0.1〜0.6％． 　浮遊粒子状物質の日平均値の2％除外値は環境基準（0.10mg/㎥以下）以下で，寄与率は0.1％未満．	**1）予測に反映した措置** **①建設機械に対する措置** ●可能な限り排出ガス第2次基準値に適合した建設機械を使用． ●敷地境界の外周に高さ3mの鋼製仮囲いを設置． **②工事用車両に対する措置** ●工事用車両に対して，所定の走行経路の周知を徹底するとともに，計画的な運行により影響の低減を図る． **2）予測に反映しなかった措置** **①建設機械に対する措置** ●建設機械の定期的な点検・整備を行うことにより，排出ガスを抑制するとともに，故障や異常の早期発見に努める．　など **②工事用車両に対する措置** ●工事用車両に対してアイドリングストップを周知・徹底するため，工事区域内にアイドリングストップの看板を設置．　など
	工事の完了後	**【関連車両の走行に伴う二酸化窒素及び浮遊粒子状物質の大気中における濃度】** 　二酸化窒素の日平均値の年間98％値は環境基準（0.06ppm以下）以下，寄与率は0.1〜0.7％． 　浮遊粒子状物質の日平均値の2％除外値は環境基準（0.10mg/㎥以下）以下で，寄与率は0.1％未満． **【駐車場の供用に伴う二酸化窒素及び浮遊粒子状物質の大気中における濃度】** 　二酸化窒素の日平均値の年間98％値は環境基準（0.06ppm以下）以下，寄与率は17.0％． 　浮遊粒子状物質の日平均値の2％除外値は環境基準（0.10mg/㎥以下）以下で，寄与率は0.1％未満． **【熱源施設の稼働に伴う二酸化窒素の大気中における濃度】** 　二酸化窒素の日平均値の年間98％値は環境基準（0.06ppm以下）以下，寄与率は0.1％．	**1）予測に反映した措置** **①熱源施設に対する措置** ●低NOxバーナーを採用． ●ガスコージェネレーションシステムに脱硝装置を設置． **2）予測に反映しなかった措置** **①関連車両に対する措置** ●駐車場内にアイドリングストップの看板などを設置． **②熱源施設に対する措置** ●熱源設備機器の整備・点検に努める．

第12章　都心部開発事例

項目	評価の結論	環境保全のための措置
騒音・振動 工事の施行中	**【建設機械の稼働に伴う建設作業騒音・振動】** 　　建設作業の騒音レベル(L_{A5})の敷地境界での予測結果は「騒音規制法」に基づく特定建設作業に係る騒音の規制基準(85dB)及び「都民の健康と安全を確保する環境に関する条例」(以下「環境確保条例」という。)に基づく指定建設作業に係る騒音の勧告基準(80dBまたは85dB)以下. 　　建設作業の振動レベル(L_{10})の敷地境界での予測結果は「振動規制法」に基づく特定建設作業に係る振動の規制基準(75dB)及び「環境確保条例」に基づく指定建設作業に係る振動の勧告基準(70dBまたは75dB)以下. **【工事用車両の走行に伴う道路交通騒音・振動】** 　　道路交通の騒音レベル(L_{Aeq})は,昼間2地点以外は環境基準以下.環境基準を上回る2地点の内,1地点では現況も上回っており,他の1地点は現況で環境基準の数値であり,工事施行中に上回るものの,工事用車両の走行に伴う騒音レベルの増加分は1dB未満.夜間は,3地点以外は環境基準以下.環境基準を上回る3地点の内,2地点では現況において,1地点では工事用車両以外の将来基礎交通量で環境基準を上回る.工事用車両の走行に伴う騒音レベルの増加分は昼間と同様の1dB未満. 　　道路交通の振動レベル(L_{10})は,昼間,夜間ともに「環境確保条例」に基づく日常生活などに適用する振動の規制基準以下.工事用車両の走行に伴う振動レベルの増加分は,昼間及び夜間ともに1dB未満.	**1)予測に反映した措置** **①建設機械に対する措置** ●低騒音型の建設機械を採用. ●敷地境界の外周に高さ3mの鋼製仮囲いを設置. **②工事用車両に対する措置** ●工事用車両に対し所定の走行経路の周知を徹底するとともに,計画的な運行により,影響の低減を図る. ●工事用車両に対して規制速度の遵守を指導し,影響の低減を図る. **2)予測に反映しなかった措置** **①建設機械に対する措置** ●建設機械の集中稼働を行わないよう,工事工程の平準化及び建設機械の効率化に努める. ●建設機械の定期的な点検・整備を行う.　など **②工事用車両に対する措置** ●適切な車両の運行管理により,工事用車両の集中化を避けるよう努める. ●工事用車両に対してアイドリングストップを周知・徹底するため,工事区域内にはアイドリングストップの看板を設置する.
日影 工事の完了後	計画建築物により,日影規制対象区域内には1時間以上の日影が生じないと予測され,「東京都日影による中高層建築物の高さの制限に関する条例」に定める日影規制を満足する.	**1)予測に反映した措置** ●長時間日影の影響を受ける範囲を小さくするよう配慮し,建物高層部を極力敷地南側に配置する計画とする.
電波障害 工事の完了後	地上デジタル放送の反射障害は生じないものの,遮へい障害は計画地から南西方向に生じると予測される.また,衛星放送の遮へい障害は,計画地から北東方向及び北北東方向に生じると予測される.	**1)予測に反映しなかった措置** ●テレビ電波の遮へい障害が生じると予測される地域については,工事の進捗に応じて適切な措置を講じる.また,既存の共同受信施設へのテレビ電波の受信障害に対しても適切な措置を講じる. ●テレビ電波の受信障害予測地域以外においてテレビ電波の受信障害が発生した場合は,調査を行い本計画に起因する障害であることが明らかになった場合には,地域の状況を考慮し,適切な措置を講じる. ●テレビ電波障害に係る住民からの問い合わせに対する相談窓口の設置を検討する.
風環境 工事の完了後	計画建築物の建設後の風環境の変化は,現況に比べ,1領域増加した地点は29地点あり,2領域増加した地点は14地点ある.1領域増加した地点のうち,領域Aから領域Bに増加した地点が26地点,領域Bから領域Cに増加した地点が3地点,領域Cから領域Dに増加した地点はない. 　　計画建築物の建設後には,建設前に比べて領域の変化はみられるが,すべて中高層市街地相当の風環境である領域Cにおさまっており,計画地北側の常盤橋公園は低中層市街地相当の風環境である領域Bにおさまっていることから,計画地及びその周辺の風環境として許容される範囲にあるものと考える.	**1)予測に反映した措置** ●計画建築物の高層部を,計画地南側の一般国道1号(永代通り)や計画地北側の特別区道から可能な限りセットバックさせ,低層基壇部を設ける. ●計画建築物の高層部の建物隅角部の形状を工夫する. ●計画地敷地内の空地に植栽を施す. **2)予測に反映しなかった措置** ●荒天時の駅からの代替ルートとなる地下ネットワークの充実,バリアフリー化を図る. ●計画建築物には,出入口や歩行者の主要動線を考慮し,庇などの防風対策を検討する. ●防風植栽の維持管理を適切に行う.　など
景観 工事の完了後	**【主要な景観の構成要素の改変の程度及びその改変による地域景観の特性の変化の程度】** 　　主要な景観の構成要素は,中高層の建築物,高架道路・河川・緑地などであり,主要な景観の構成要素は大きく変化しないと予測される. 　　計画建築物は,都市景観の新たなシンボルとして,風格ある都市景観の形成に寄与するものと考える. **【代表的な眺望地点からの眺望の変化の程度】** 　　工事の完了後は,近景域では計画建築物が眺望を変化させる要素となるが,周辺開発事業の高層建築物とともに都市景観の新たなシンボルのひとつとして認識される.また,中景域及び遠景域では計画建築物は周辺の中高層建築物群が形成する都市景観の一部あるいは新たなシンボルとして認識され,眺望の大きな変化はなく,大手町・丸の内地区の風格ある都市景観の形成に寄与すると考える.	**1)予測に反映した措置** ●計画地内に大規模なオープンスペースを整備する. ●計画地北側の特別区道沿道においては約6m,それ以外の沿道においては約3m,計画建築物の壁面を後退させる. **2)予測に反映しなかった措置** ●東京都景観計画」,「千代田区景観形成マスタープラン」,「千代田区美観地区ガイドプラン」に基づき,景観形成に配慮した計画とする. ●東京都景観条例」,「千代田区景観まちづくり条例」に基づく事前協議などを行い,その協議を踏まえ,景観に配慮した計画とする. ●敷地外周部に高木を主体とした植栽を行う.

151

項目		評価の結論	環境保全のための措置
景観	工事の完了後	【圧迫感の変化の程度】 　計画地近傍における工事の完了後の計画建築物の形態率は現況(計画地内既存建築物)と比較して増加するが,敷地外周部に高木を主体とした植栽を行うことや,建物の分節化などにより,圧迫感の軽減を図る.	
史跡・文化財	工事の施行中	【計画地内の文化財の現状変更の程度または周辺地域の文化財の損傷などの程度】 　計画地内及び近傍にある,国指定文化財の「常盤橋門跡」,東京都指定文化財の「一石橋迷子しらせ石標」及び中央区登録文化財の「一石橋の親柱」に対して,本事業の実施により直接改変することはない. 　また,敷地境界上には仮囲いを設置するとともに,掘削にあたっては,必要に応じて剛性の高い地下の各階床を支保工として山留壁の変形を抑制する.なお,本事業の工事により「常盤橋門跡」,「一石橋迷子しらせ石標」及び「一石橋の親柱」の保存に影響を及ぼす行為をする場合には,「東京都文化財保護条例」,「中央区文化財保護条例」に基づき適切な対応を図る.したがって,本事業の実施により,計画地内及び近傍の文化財の保存及び管理に支障は生じないと考える.	1)予測に反映した措置 ●掘削にあたっては,掘削部分の地盤を安定させるため,事前にソイルセメント壁(SMW)を根切り底面より深い位置まで構築する.地下躯体工事では,必要に応じて先行床を構築後,地下躯体を下に向かって構築し一層ずつ掘削する逆打工法を採用し,剛性の高い地下の各階床を支保工として山留壁の変形を抑制することにより,地盤の変形を抑制する. ●必要に応じて,工事の施行中における地盤などの状況について監視を行う. ●工事の施行中に未周知の埋蔵文化財が確認された場合には,「文化財保護法」などの法令に基づき適切な措置を講じる.
	工事の完了後	【文化財の周辺の環境の変化の程度】 　計画地内及び近傍にある,国指定文化財の「常盤橋門跡」,東京都指定文化財の「一石橋迷子しらせ石標」及び中央区登録文化財の「一石橋の親柱」に対する風環境,日影について,著しい影響を及ぼすことはない.したがって,本事業の実施により,計画地内及び近傍の文化財の保存及び管理に支障は生じないと考える.	1)予測に反映した措置 ●計画建築物による周辺の風環境の影響を低減するために,高層部の建物隅角部の形状を工夫する.また,計画地敷地内の空地に植栽を施す.

(仮称)大手町地区D-1街区計画「環境影響評価書案」のあらましを基に作成.

❸ 説明会・意見書に関して

〈説明会〉

　説明会は,平日の夜と土曜の昼に各1回,合計2回開催している.第1回目2015年10月16日(金)夜の参加者数は44名,第2回目2015年10月17日(土)昼の参加者数は25名であり,東京駅前の立地から土曜昼よりも平日の夜の説明会への参加が多かった.

　説明会において,以下の質問・意見があった.
●事業計画に関する内容(高さを計画した経緯に関する質問,防災・防犯に対する質問,施工に関する質問)
●調査地点に関する内容(日影・景観の調査地点に対する質問)
●予測に関する内容(周辺開発工事の考慮に関する質問,日影の予測に関する質問・要望,風,電波障害,景観に関する質問)

〈意見書について〉

　評価書案に対して,都民の意見書2件および事業段階関係区長の意見が2件(千代田区長,中央区長)提出された.
都民の意見の項目は以下のとおり.
●日影:地点の選定に対する意見,冬至日以外の日影についての資料作成の要望.
●風環境:計画建築物の影響を確認するために,周辺の予定されている開発が既に完了したものとしていることに対する意見.
●景観:景観の予測に関する意見,圧迫感に関する天空写真撮影地点に関する意見.
●その他:安全,基盤整備,などに関する意見.
区長意見の項目は以下のとおり.
●千代田区長:大気汚染,騒音・振動,日影,電波障害,風環境,景観,史跡・文化財,に関する環境保全措置の確実な実施や,工事に関する周辺住民への説明対応に関する要望.
●中央区長:大気汚染,騒音・振動,日影,電波障害,風環境,景観,に関する環境保全措置の確実な実施や,工事に関する周辺住民への説明対応に関する要望.

第12章 都心部開発事例

❹ 都知事審査意見

評価書案審査意見書に記載された知事の意見は，以下のとおりである．

本事業の評価書案における調査，予測及び評価は，おおむね「東京都環境影響評価技術指針」に従って行われたものであると認められる．

なお，環境影響評価書を作成するに当たっては，次に指摘する事項について留意するとともに，関係住民が一層理解しやすいものとなるよう努めるべきである．

【大気汚染】
1　建設機械の稼働に伴う大気汚染の評価において，最大着地濃度地点では本事業による寄与率が高い上に，二酸化窒素については環境基準を超えていることから，環境保全のための措置を徹底するとともに，より一層の環境保全のための措置についても検討すること．
2　駐車場の供用に伴う大気汚染の評価において，評価の指標とした環境基準は超えていないものの，排気口位置が地表付近に点在していることから，事後調査において，事業の実施に伴う影響を調査し，必要に応じて更なる環境保全のための措置を検討すること．

【騒音・振動】
1　建設機械の稼働に伴う騒音・振動レベルは，評価の指標を満足するものの，これらの数値が高く，また，計画地は日本を代表するビジネスセンターの玄関口である東京駅に面する場所であることから，建設機械の稼働に当たっては，事前に工事工程や建設機械の配置を詳細に検討するなど，騒音・振動の低減に努めること．
2　工事用車両の走行に伴う道路交通騒音について，本事業による増加分はわずかであるとしているが，現状においても環境基準を超えている地点があることから，より一層の環境保全のための措置を検討し，騒音の低減に努めること．

【風環境】
環境保全のための措置の中で，計画建築物の形状を工夫することにより風環境の軽減を図るとしているが，建設後の風環境評価が2領域悪化する地点があり，また，計画地内には多くの人が集う大規模広場を整備する計画であることから，更に良好な風環境を確保するように努めること．

【景観】
大規模なオープンスペースの整備や周辺街路樹と調和した植栽を行うことで，都市景観の新たなシンボルとして風格ある都市景観に寄与するとしているが，計画地は，東京都や千代田区の計画において，皇居の水や緑との調和を尊重し，風格ある新たな都市景観の形成を求められていることから，このことについて，今後，十分に検討し，必要に応じてわかりやすく説明すること．

❺ 評価書における対応

評価書案に対する知事の審査意見書，都民の意見書および事業段階関係区長の意見などを勘案し，評価書案の一部を修正した．

表12-8　評価書案から修正した箇所及び修正内容の概要（本編）

修正箇所		修正事項	修正内容及び修正理由
8章　環境に及ぼす影響の内容及び程度並びにその評価			
8.1 大気汚染			
	8.1.2 予測	(4) 予測方法 (5) 予測結果	知事の審査意見書を踏まえ，駐車場排気口高さを変更し，これによる予測及び評価の結果に変更した．
	8.1.4 評価	(2) 評価の結果	
	8.1.3 環境保全のための措置	(1) 工事の施行中	知事の審査意見書を踏まえ，建設機械に対する環境保全のための措置を追記した．
8.2 騒音・振動			
	8.2.2 予測	(4) 予測方法 (5) 予測結果	建設機械の稼働に伴う建設作業騒音・振動について，予測方法を修正し，これによる予測及び評価の結果に修正した．
	8.2.4 評価	(2) 評価の結果	
	8.2.3 環境保全のための措置	(1) 工事の施行中	知事の審査意見書を踏まえ，建設機械および工事用車両に対する環境保全のための措置を追記した．
8.3 日影			
	8.3.2 予測	(5) 予測結果	都民の意見書を踏まえ，計画建築物による日影の予測結果について追記した．
8.5 風環境			
	8.5.3 環境保全のための措置	(1) 工事の完了後	知事の審査意見書を踏まえ，風環境に対する環境保全のための措置を追記した．
8.6 景観			
	8.6.3 環境保全のための措置	(1) 工事の完了後	知事の審査意見書を踏まえ，都市景観への寄与についての環境保全のための措置を追記した．

表12-9　評価書案から修正した箇所及び修正内容の概要（資料編）

修正箇所		修正事項	修正内容及び修正理由
2章　環境に及ぼす影響の内容及び程度並びにその評価			
2.1　大気汚染			
	2.1.3　予測	（3）予測結果	駐車場の供用に伴う寄与濃度の変更により,関連車両の走行・駐車場の供用・熱源施設の稼働による予測結果を変更した.
2.2　騒音・振動			
	2.2.2　予測	（1）予測方法	建設機械の稼働に伴う建設作業騒音について,予測式を修正した.
2.3　日　影			
	2.3.1　予測	（1）予測結果	夏至,春秋分日における時刻別日影図および等時間日影図を追記した.
2.6　景　観			
	2.6.2　予測	（3）予測結果	みどり空間配置の考え方や,オープンスペースや親水空間のイメージなどを追記した.

❻ 着工後 (変更届など)

本事業は変電所や下水ポンプ所などを稼働しながら段階整備する関係で長期に渡る事業であり,基本計画段階で事前手続きを実施している.先行して詳細設計が進んだ A 棟, C 棟, D 棟,および,施工者の決定に伴う変更届出を 2018 年 7 月に行っている. 一方, 事後調査計画書によると, 事後調査報告書については, 工事中に 3 回, 工事の完了後に 1 回, 合計 4 回の報告書が提出される計画となっている.

4. 考察

都心部では多くの高層建築物に関する環境アセスメントが実施されてきている.環境アセスメントの対象となることで,評価書案の段階から環境保全措置の検討がされ,手続きを経て更なる環境配慮や環境保全措置の検討がされる.更に,複数の環境アセスメント対象となる計画が同時期に実施される場合には,先行事業も踏まえて予測が行われている.これらのことから,環境アセスメントの実施により,都心部の高層建築物の開発に際して,アセス制度は,環境配慮を進める上でプラットフォームとして機能し,地域の環境を保全しつつ実施されることにつながっているものと考えられる.

また,説明会における質問や,都民の意見書の対象項目が比較的絞られてきていることからも,環境アセスメントが近隣住民に認知されてきているものと考えられる.

今後, 東京駅周辺でメリハリのある環境アセスメントを実現する観点で考えると, 大気における工事完了後の関係車両の走行に伴う予測評価や熱源施設の稼働に伴う予測評価などは, 対象から外すことについて検討してよいと考える.

なお, 比較的狭いエリアにおいて個別事業の環境アセスメントが集中して実施されているが, このような都心部に於いては, 都市計画行政が SEA 的な観点に立ちエリア全体が更新された場合を想定した複合アセスを実施することで, 個別事業の環境アセスメントについては予測評価項目をより絞り込む余地があるものと考えられる.

このほか, 複数のアセス手続きが実施されていることから地域の環境データの共有が図られることが望ましい.

第5部

環境アセスメントの
新たな展開

第13章 スモールアセス ～自主アセス・ミニアセス～

　法や条例などに基づく環境アセスメントが義務づけられていない事業において，積極的に環境配慮を組み込み，それをアピールすることを目的として，柔軟な手順にて実施する環境アセスメントをスモールアセス（自主アセスやミニアセスともいう）という．

　スモールアセスでは，社会への情報提供・説明を図り，様々な人たちとの情報交流を行う．

　スモールアセスは，環境配慮を組み込んで，計画や事業を円滑に進めるための重要な手段となる．

1. スモールアセスの意義

①いま求められる環境配慮

　持続可能な社会をつくるためには，あらゆる事業，計画の中で環境保全に取り組むことが不可欠であり，温暖化や廃棄物，生物多様性などすべての環境事象に総合的に対応する必要がある．

　いわゆる環境アセスメントは，事業実施や計画策定に当たって環境保全を組み込むための重要な手段である．一般的に環境アセスメントは，環境影響評価法や条例に基づいて事業者が実施するが，これらの義務がない事業においても，企業の社会的責任 (Corporate Social Responsibility :CSR) の観点や環境保全の見地から積極的に同様の配慮を行うことが求められる．

②スモールアセスとは

　法や条例などに規定されない事業において積極的に環境配慮を組み込み，それをアピールすることを目的として，柔軟な手順にて実施する環境アセスメントをスモールアセスと呼ぶ．

　スモールアセスは，制度に規定された手順に従う必要はなく，比較的自由に内容や進め方を自ら設計でき，CSR などの一般的な環境管理活動の一環として組み込むことも可能である．また，自主的に事業における環境配慮の姿勢を対外的に打ち出すための有効な手法となる．

③スモールアセスですべきこと

　環境保全を組み込んだ適切な意思決定につなげるため，事前に環境影響を調べ，対処策を考え，社会への情報提供・説明を図り，様々な人たちとの情報交流を行う．

④スモールアセスの効果

　計画や事業が環境面で果たす役割を明らかにすることができ，情報の提供が，様々な人たちの安心や信頼を得ることにつながる．すなわち，環境配慮を組み込んで，計画や事業を円滑に進めるための重要な手段となる．

⑤スモールアセスの活用

具体的な事業における環境配慮を事前に明確にすることによって，より良い環境経営方針の確立に活用でき，事前に着目した環境配慮事項は，環境経営方針の事後の評価に活用できる．また，スモールアセスの実施により，事業の実施に先立って，地域との調和に活用できる．

図13-1 賢いスモールアセスの流れ

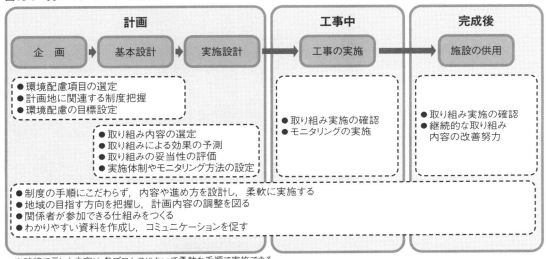

※破線で示した内容は，各プロセスにおいて柔軟な手順で実施できる．

2. スモールアセスの設計

① 設計の基本的な考え方

実施の契機については，法や条例に基づき規定された手順に必ずしも従う必要はなく，比較的自由に内容や進め方を自ら設計することから始めることができる．なお，スモールアセスの実施主体は，事業者（事業を行おうとする者）となる．

実施手順については，決まったものはないので，どの段階から始めるか，どの段階で文書をまとめるか，公表をどうするか，意見の収集をどうするか，などを決めてから始めてもよい．

評価項目については，環境影響要因および環境の要素を整理し，要因と要素の関係から，重要な項目を抽出する．抽出された項目ごとに，調査・予測する方法，期間などを整理し，環境への影響とその対策を踏まえて，どのように評価するのかを決める．

公表，意見の収集の仕方については，公表する場合の時期・期間，対象，方法，程度・内容を整理し，意見の収集（情報交流）をする場合の時期・対象を決める．

期間や費用については，どの程度の期間で終了するか，どの程度の費用をかけるかを決めることになるが，期間や費用と効果のバランスを考慮して適切に設定することが重要である．

❷ 実施手順

各種事業を考えるプロセスのいずれかの段階において，スモールアセスを実施する．例えば，事業構想として発表する前や事業の内容を行政に申請する前などの段階が考えられる．事業者サイドとして，事業における環境配慮を広く社会にアピールする上で最も効果的な段階が勧められる．

まず，スモールアセスの実施手順を，事業の計画と対比させながらフロー図として示し，事業の構想段階や実施段階などに応じて，それぞれの段階で可能な環境配慮事項を検討し，それを図書としてとりまとめる．

また，事業を広く社会にアピールする上で最も効果的な時期や方法を戦略的に検討し，公表する．社会の様々な声を把握し，それを事業に取り込むことが，より質の高い環境配慮を行う上で有効である．図書に対する意見を収集することは必須ではないが，より質の高い環境配慮を組み込み，他の類似事業とは差別化された事業としていくためには，外部との情報交流を積極的に行うことが望まれる．

コメント
■高層建築計画に伴うスモールアセスの実施手順例

東京工業大学の高層建築計画に伴う自主ミニアセスメントでは，環境への影響を調査する項目やその方法といった枠組みづくりからはじめ，実際に調査を行い必要な保全対策について協議している．

そして最後に，話し合いや調査の結果，必要な環境保全策などを報告書にまとめている．

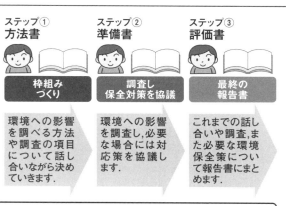

説明会・意見交換会を実施する
ステップ①とステップ②では，周辺の皆様や関係者の皆様と，調査の方法や調査結果，環境保全対策について話し合いを行います．

審査会を開催する
ステップ①では調査の方法について，ステップ③では調査結果と環境保全対策について，環境の専門家の方々に審査していただきます．

❸ 評価項目の絞り込み

スモールアセスでは，事業の特性を踏まえ，環境配慮をアピールすべきまたはしたいと思う項目に絞り込んで実施することが効果的である．事業の構想段階や実施段階などにおいて，「最も効果的な環境配慮は何か」に注目することが大切である．

環境配慮の評価を行う項目としては，右記のような例がある．また，人口密集度や自然度などの地域の状況に応じて，項目の絞り込みを行うことも有効である．

(1) 生活環境（大気汚染，悪臭，騒音・振動，水質汚濁，土壌汚染，日影，電波障害，風環境）
(2) 生物多様性（生物・生態系，景観，自然との触れ合い活動の場）
(3) 資源循環（廃棄物など）
(4) 温暖化対策（温室効果ガスなど）

第13章　スモールアセス～自主アセス・ミニアセス～

> **コメント**
> 評価項目については，事業特性と地域特性に配慮して絞り込みを行うことが効果的である．
>
> **■事業特性による評価項目の例**
> - 高層建築物：日影，電波障害，風環境，景観など
> - 道路：大気汚染，騒音，振動など
> - 工場，事業場：大気汚染，悪臭，騒音・振動，水質汚濁，温室効果ガスなど
> - 廃棄物中間処理：大気汚染，悪臭，騒音・振動など
>
> **■地域特性による評価項目の例**
> - 都市地域：大気汚染，悪臭，騒音・振動，水質汚濁，土壌汚染，日影，電波障害，風環境，工事中の騒音・振動など
> - 自然地域：生物・生態系，景観，自然との触れ合い活動の場など
> - 河川影響：河川の水質，水生生物など
> - 海域影響：海域の流れ，水質，海生生物など

❹ 調査・予測および評価の手法

スモールアセスでは，事業や地域の特性を踏まえ，環境配慮をアピールすべきまたはしたいと思う項目を対象に調査，予測および評価を行う．なお，調査・予測の手法は，既存のマニュアルなどを活用することができる．

調査には，①既存資料の収集・整理，②現地踏査あるいは短期間の現地調査，③特に必要がある場合には，年間（4季）にわたる現地調査などのやり方がある．

予測には，①類似事例との比較検討，②専門家のアドバイスの活用，③特に必要がある場合には，定量的な予測などのやり方がある．

評価は，アピールできると考える環境配慮について行い，さらに，①目標とする環境配慮の達成度，②社会に対する貢献度，③外部との情報交流を行った場合に，外部の意見への対応の程度の観点も踏まえる．

> **コメント**
> **■評価のポイントとアピールした事例**
> - CO_2削減
> - 資源循環・省資源
> - 緑地のないところに緑地を創出した例
> - 住民参加・協働の例
>
> **■既存のマニュアルの例**
> - CO_2算定マニュアル
> - 各種アセスの技術指針及び手引書
> - サスティナブル都市再開発アセスガイドライン
>
> **■シミュレーションの例**
> - 景観モンタージュ
> - 風況シミュレーション
> - 大気・水質・騒音・振動の予測計算

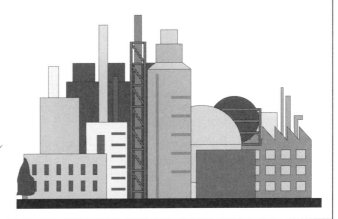

❺ 外部との情報交流・公表の仕方

外部との情報交流においては，社会の様々な声を把握し，それを事業に取り込むために，事業にかかわる様々なステークホルダー（地域の人たちも含めた）に対し，適切に情報を提供し，声を聴く姿勢が重要である．そのため，可能な限り情報の公開に努め，意見を聴く機会を設けることが大切である．

情報交流のタイミングは，どの程度情報公開ができるかによるが，事業構想として発表する前や事業の内容を行政に申請する前などの段階

が考えられる．情報交流を行うにあたり，わかりやすい資料を用意し，一定の期間を確保し，情報に触れる機会・場所に配慮するとともに，意見を受け付ける窓口を明確にすることが重要である．

公表は，アピールポイントがまとまった段階で行う．公表の方法は，自社の資源（ホームページ，環境報告書など）を使うだけでなく，マスコミ，行政，学会など，外部に対する積極的な働きかけも重要である．

コメント

■情報に触れる機会・場所の例
- 周辺住民（地域の人たち）などへの情報交流の手段としては，説明会の開催，各種イベントやフォーラム，シンポジウムなどが考えられる．

■わかりやすい資料の例
- WEB の活用が基本であるが，パンフレットなどの印刷物も用意できることが望まれる．
- 資料は，できる限り視覚化することが望まれる（大気・騒音・振動の予測結果の図化，景観モンタージュ写真，ビル風のアニメーションなど）．

■意見を受け付ける方法の例
- 意見の収集方法としては，説明会やイベントなどにおける直接的な意見の把握や，WEB の活用，書面による受付などがある．

■外部での公表の例
- 外部での公表方法としては，関係する地方公共団体の協力を得て広報誌などへの掲載，マスコミや学会への発表がある．

---

⑥ 公表文書の作成

情報交流の相手は，事業の中身や環境について詳しい知識や情報をもっていないことが少なくない．このため，情報交流に際しては，必要な要素を盛り込みつつ，簡潔でわかりやすい資料を作成することが必要である．必要な要素としては，事業者の情報，事業の概要，事業による影響の可能性，環境配慮の内容と程度が考えられる．

最終的な公表文書は，情報交流後の変更点を踏まえ，必要な要素に関して適宜修正するとともに，スモールアセスで得られた環境配慮のアピールポイントについて積極的に記載する．その際，理解されやすいような図や写真などを適宜活用し，図書そのものの体裁を整えることが必要である．また，スモールアセスの経過なども資料として記載することが望まれる．

コメント

■公表文書に盛り込むことが望ましい項目
「賢いスモールアセスの流れ（図13-1）」によって実施した内容が，反映されるように公表文書を作成する．

- 環境配慮項目の選定の考え方
- 計画地に関連する制度への対応
- 環境配慮の目標
- 取り組み内容
- 取り組みによる効果の予測
- 取り組みの妥当性の評価
- 実施体制やモニタリング方法
- コミュニケーションの実施状況

などをわかりやすくとりまとめる．

3．スモールアセスの実施

実施体制については，事業者自身で実施できることが望ましいが，現況調査，予測などにつ

いては，専門のコンサルタントに委託することも考えられる．

調査のやり方は，①地域の概況の把握や類似事業における環境配慮事例の把握などの既存資料の収集・整理，②地域の概況の現地確認や特定項目における状況の確認など現地踏査あるいは短期間の現地調査，③生物の生息・生育状況の把握など，特に必要がある場合には，年間（4季）に渡る現地調査が考えられる．

予測のやり方は，①環境配慮の程度の相対的な比較などの類似事例との比較検討，②先進的な環境配慮手法の導入可能性などの専門家の

アドバイスの活用，③数値シミュレーション，フォトモンタージュの活用など，特に必要がある場合には，定量的な予測が考えられる．

評価のやり方は，必ずしも数値によって表す必要はなく，アピールできると考える環境配慮の内容について，その程度を表現する．その際，①達成度の可視化（◎○△など）などの目標とする環境配慮の達成度，②事業者が想定する社会への貢献についての記述などの社会に対する貢献度，③対応が図れた意見についての記述などの外部の意見への対応度（情報交流を行った場合）の観点も踏まえる．

コメント

■評価の表現方法

評価の表現方法には様々なものがある．

評価手法	A案	B案	C案	留意点など
定量的な予測結果の表示（例:埋立て面積）	50 ha	70 ha	30 ha	面積が小さい場合でも,重大な影響が生じる場合があり,必ずしも1つの指標で判断するものではないことに留意する.
定性的な予測結果の表示	既往の事例によると影響は小さい	既往の事例によると影響は大きい	既往の事例によると影響はほとんどない	重大な影響の有無も含め,感覚的にわかりやすい.判断の根拠が主観的な表現になりやすい.
順位による表現	2位	3位	1位	複数案による優劣はわかりやすいが,そもそも重大な影響の有無や影響の程度の差はわからない.
記号による表現	○	△	◎	重大な影響の有無も含め,感覚的にわかりやすい.記号の選び方が主観的になりやすい.
基準値との違い	1.0	1.4（A案を1として）	0.6（A案を1として）	基準値に環境基準を用いる場合や,最も影響の小さい案での値を用いる場合,現状の値を用いる場合などが考えられる.

出典:「計画段階配慮手続に係る技術ガイド」（環境省,2013）

4．期間・費用

期間と費用は，スモールアセスを実施する必要性と効果のバランスを考慮して，適切に設定する．

調査をどの程度行うかによって，期間が左右されるが，スモールアセスでは既存資料の収集整理でも可能な場合が多いと考えられ，その場合，数か月程度で完了することも可能である．

一方で，丁寧に現地調査を行う場合，1年以上の期間が必要となる場合もある．

情報交流を丁寧に行う場合は，その分の期間が必要となるが，関係者の理解をより深めることができる．

費用は，これらの手続きの期間や情報交流の内容に応じて増減する．

5．スモールアセスの展開に向けた課題

環境配慮を目的としたスモールアセスが当　　たり前に行われる社会を目指すために，以下の

課題の解決が必要であり，これらの課題の解決に向けた協働的取組が望まれる．

まず，スモールアセスの検討段階で，事業実施者が相談できる受け皿を構築することが望まれる．

また，スモールアセスが効果的かつ効率的に行われるために，行政などによる活用可能なデータや手法などの蓄積と公開（オープンデータ化）が望まれる．

個々のスモールアセスの結果については，検証をすることが望ましく，これらの成果を蓄積し，必要に応じて閲覧できる仕組みが構築されることが望まれる．

さらに，実施したスモールアセスに対する認証マニュアルの作成や認証する体制，制度を構築することが望まれる．

コメント

■相談体制
●スモールアセスの設計などにあたって，本学会やアセス関係団体が相談窓口となることが考えられる．

■データの活用
●公共データについては，効率的なデータ活用のため，共通のフォーマットを用いることが望ましい．
●これらのデータについては，WEB などで公開され，スモールアセスの実施主体（あるいは委託者）が自由に使えるよう整備されることが有用である．

■情報の蓄積
●川崎市で行われている，対象規模未満事業に関するスモールアセスの成果のファイリングの例のように，行政によるデータ蓄積が有用である．

■認証
●優良な案件について，学会などがレビューしたり，表彰したりすることが有効と考えられる．

参考資料　スモールアセスの勧め ——自主アセス・ミニアセスなどを中心に

❶ 東京工業大学の高層建築計画に伴う自主ミニアセス

東京工業大学すずかけ台キャンパスでは，施設の狭隘解消を図り，教育・研究の更なる発展を推進するため，すずかけ台 J3 棟整備等事業を実施する運びとなった．本事業は「横浜市環境影響評価条例」の対象事業には該当しないが，この建築物による環境への影響について，自主的（任意）に「ミニアセス」を実施した．

表13-1　自主ミニアセスメントスケジュール

段階	月／日（曜日）	事項
スコーピング（ミニアセス方法書）	1/22（金）	●説明会および意見交換会の周知を開始
	2/9（火）	●説明会および意見交換会配布資料のweb掲載 ●意見書受付開始
	2/12（金）18:00〜	●第1回説明会および意見交換会の開催（事業概要・評価項目案の説明,意見交換）
	2/19（金）18:00〜	●第2回意見交換会の開催（項目の絞り込み,調査方法の検討）
	2/24（水）	●意見書受付終了
	3/1（月）	●審査会（ミニ方法書（案）を審査し評価項目,方法の決定をする）
	3/2（火）	●ミニ方法書を公表,縦覧開始
ミニアセス準備書	3/10（水）	●ミニ準備書の公表予定の周知
	3/31（水）	●ミニ準備書の公表,縦覧開始 ●ミニ準備書の意見書受付開始
	4/14（水）	●説明会および意見交換会の実施
	4/21（水）	●意見書受付終了
ミニアセス評価書	4/28（水）18:00〜	●評価書（案）の公表 ●審査会,評価書（案）の審査を実施
	5/17（月）	●ミニ評価書の公表

実施体制は，大学の施設運営部が中心となり，アセス業務は外部のコンサルタントに委託している．また，第三者の専門家によって構成される審査会を設置し，アセスの考え方や手法について助言を得た．

アセスの評価項目は，スコーピングの結果，電波障害，日照障害，風害，景観とし，併せて騒音，振動の事前調査を実施することにし，以下のような結果を得た．

表13-2 評価の結果

評価項目	評価の結果
電波障害	共同受信施設による対策を実施，地上デジタル放送も良好に受信していることから，電波障害に影響は及ぼさない．
日照障害	冬至日において1時間以上の日影を受ける既存建物は，すべて大学施設であることから，居住環境に著しい影響を及ぼさない．
風　害	風環境（ビル風）の影響範囲は大学の施設として利用されているため，周辺地域の風環境に著しい影響を及ぼさない．
景　観	近景域の景観はかなり変化するが，既存建物と共にキャンパスのランドマークとなる景観が形成され，眺望を著しく阻害しない．

❷ 沖縄県竹富南航路の延伸整備に係る自主アセス

航路を整備する事業は，環境影響評価法及び沖縄県環境影響評価条例の対象事業ではないが，竹富南航路の延伸計画は，水深3〜4mで約46kmの航路を整備するもので，この海域は，世界的に有数なサンゴ礁海域であることから，自主アセスを実施した．

自主アセスは，2010年6月に環境影響評価調査手法書（方法書に相当），同年8月に環境影響評価報告内容調整書（準備書に相当），同年12月に環境影響評価報告書（評価書に相当）をそれぞれ公告・縦覧し，必要な諸手続を終了した．

表13-3 環境要素

環境要素		調査項目	予測手法など
水環境	赤土などによる水の濁り	●SS（浮遊物質量）	**工事中** 航路浚渫に伴うSS(濁り)拡散シミュレーションにより予測 **施設などの存在及び供用** 航路の出現に伴う底質の巻き上げの可能性を定性的に予測 船舶の航行に伴う底質の巻き上げの可能性を定性的に予測
	水象	●波浪 ●流況	**施設などの存在及び供用** 波浪及び流況の変化をシミュレーションにより予測
生物	海域生物	動植物プランクトン，魚卵，稚仔魚，底生生物，魚類，サンゴ類，海藻草類	**工事中　施設などの存在及び供用** 生育・生息環境の改変の程度，重要な動植物種への影響フロー図を作成し，予測
	生態系	●生態系の概況 ●注目種及び群集の状況	**工事中　施設などの存在及び供用** 陸域生物，海域生物の予測結果を考慮して影響フロー図を作成し，予測
廃棄物等		●浚渫土砂発生量 ●処理方法	**工事中** 浚渫工事に伴う浚渫土砂の発生状況及び処理方法について記載

また，自主アセスに際しては，手法書，調整書の段階で住民意見を聴取したほか，調整書の内容を周知するため住民説明会を実施した．

さらに，調整書の段階で専門家による意見を踏まえ，最終的な報告書を作成した．

〈住民説明会での主な意見〉
- 夜間も航行できるようにしてほしい．
- 浚渫土砂の利用について，竹富町で利用できるようにしてほしい．

〈専門家の主な意見〉
- 環境配慮の観点から，サンゴが多い海域を航路が通過しないようにする必要がある．
- 浚渫により濁りが発生するため，浚渫量を少なくする必要がある．
- 航路計画の検討にあたっては，漁場に配慮する必要がある．
- 浚渫による濁りの影響を検討する必要がある．

〈事業者の主な対応方針〉
- サンゴの多い海域の回避・保全，浚渫量の低減，漁場への配慮，濁りの発生拡散の抑制を図る．

③ 世田谷区における開発事業等に係る環境配慮制度

東京都世田谷区では，開発事業者等に環境への配慮を要請し，協議終了後に「環境計画書」及び「説明会開催状況報告書」の提出を求め，その内容を『環境配慮幹事会』などで検討したうえで『世田谷区環境審議会』に報告している．

事業の種類により多少異なるが，次の事項について，環境への配慮を要請している．

① 公害の防止
② 水に係る環境の確保
③ 緑に係る環境の確保
④ 生き物の生息環境の確保
⑤ 良好な景観の確保
⑥ 歴史的文化的遺産の確保
⑦ 資源の循環的な利用
⑧ エネルギーの有効利用
⑨ 福祉的な配慮
⑩ 災害の防止
⑪ その他区長が必要があると認めるもの

この環境配慮制度では，周辺住民への周知を図るため，説明会の開催を義務付けている．

④ 川崎市の対象規模未満事業への対応

川崎市は，「川崎市環境影響評価に関する条例」の中（第74条）で，「指定開発行為又は複合開発事業のいずれにも該当しない事業を実施しようとする者は，当該事業の実施に際し，あらかじめ，この条例に準じた環境影響評価等を行うことを市長に申し出ることができる．この場合において，市長は，情報の提供その他必要な協力を行うものとする」と定めている．

この制度を利用して，市の公共事業などにおける環境配慮の率先行動として実施したケースや，温暖化対策の推進を契機とした企業の社会的責任（CSR）の取り組みとして実施したケースとして，自主アセスの手続き（第3種行為に準ずる手続き：準備書の作成，公告・縦覧，意見書提出など）を実施している事例がある．

⑤ 自主的な環境配慮の取組事例集

環境省は，自主的に実施した環境配慮の取組事例集を公表している．事例集に記載の条件は，以下のとおりである．

① 環境配慮に関する検討を行い，その結果を公表すること
② 環境影響評価に関する専門家が関与すること
③ ステークホルダなどからの意見募集を行うこと
④ 説明会や意見交換，協議などコミュニケーションの場を設けること

この事例集に取り上げられた事例は，以下のとおりである（参考資料1,2以外）．

- 中綱南側土砂採取事業（株式会社マテリアル白馬）

第13章　スモールアセス〜自主アセス・ミニアセス〜

- 養魚場跡地太陽光発電所計画（ソーラカナモリ株式会社）
- 桜川真壁太陽光発電所建設事業（オー・ジ株式会社）
- 酒々井プレミアム・アウトレット（三菱地所サイモン株式会社）
- 日産先進技術開発センター建設事業（自動車株式会社）
- 小田急バス登戸営業所新築計画（小田急バス株式会社）
- スポーツ・文化複合施設整備等事業（株式会社アクサス川崎）
- 沖縄科学技術大学院大学整備事業（文部科学省等）
- 村上都市計画道路 1・5・4号 朝日山北幹線道路（国土交通省北陸地方整備局新潟道事務所）

❻ 小規模火力発電などの望ましい自主的な環境アセスメント実務集

　環境省は，法や条例の要件規模未満の小規模火力発電などにおける自主的な環境配慮を促進させるため，自主的な環境アセスメント実務集を公表している．

　この実務集によれば，基本的な評価項目は，施設の稼働に伴う大気質・騒音・二酸化炭素の影響に絞っており，所要期間については，環境影響評価法の場合は3年以上かかるものの，自主的な環境アセスメントでは，関係者との情報交流を含めて約9カ月で完了する手順のフローを提示している．

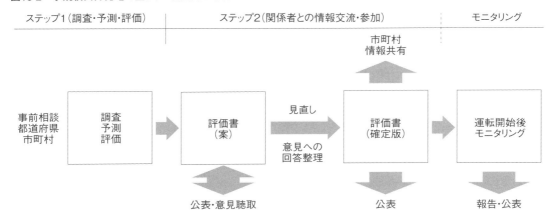

図13-2　小規模火力発電の望ましい自主的な環境アセスメントの手順のフロー

第14章 持続可能な開発目標（SDGs）の達成に向けて

　持続可能な社会に向けて，将来にわたって質の高い地域環境を目指すには，環境アセスメントはそれに寄与する有力な手段であり，SDGs の考え方も活用して展開していくことが緊要の課題である．本章では，環境アセスメントの新たな展開として，持続可能な社会の実現に寄与する視点から主要な事項となる，①SDGs 達成と環境アセスメントの活用，②持続可能な社会の形成に寄与するツールとして重要な役割を担う政策や事業計画の立案検討段階における戦略的環境アセスメントの導入，③気候変動対策における環境アセスメントの役割，④環境アセスメントの実施に資する情報基盤の整備，⑤これからの環境アセスメントにおいて必要となる技術手法に関する展望，⑥今後の国際展開における環境アセスメントの方向について概説する．

1. SDGs達成と環境アセスメントの活用

❶ 2030 アジェンダと SDGs

　2015 年 9 月の国連総会において全会一致で採択された「持続可能な開発のための 2030 アジェンダ（以下「2030 アジェンダ」という）」は，国際社会全体が人間活動に伴い引き起こされる諸問題を喫緊の課題として認識し，協働して解決に向けて取り組んでいく決意を表明した画期的な合意である．文書のタイトルに「我々の世界を変革する（Transforming our world）」としていることにも示されているとおり，国際社会全体として望ましい 2030 年のあるべき姿に向けた道筋を示したものである．

　2030 アジェンダでは目標達成に向けて，地球上の"誰一人取り残さない（No One Left Behind）"ことを明確に掲げている．この背景には，グローバル化がますます進展し，各国間の経済的な結び付きや国境を越えた企業活動が活発に行われる中で，グローバル化による成長の恩恵が一部の国や一部の人に偏在しているという格差の議論が大きな問題となっていることがある．

　また，2030 アジェンダの冒頭では，持続可能な開発のキーワードとして，人間（People），地球（Planet），繁栄（Prosperity），平和（Peace），連帯（Partnership）の 5 つの P を掲げている．

　このコンセプトを分野別の目標としてまとめたものが，「持続可能な開発目標（Sustainable Development Goals；SDGs）」であり，2030 アジェンダの中核として成り立っている．

　SDGs を中核とする 2030 アジェンダの採択に至るまでの道のりには，ミレニアム開発目標（MDGs）からの流れとリオ＋20 からの流れという大きな 2 つの流れがある．

　2030 アジェンダでは，SDGs で野心的な目標を掲げ，その達成のために必要な手段を逆算して決めていくバックキャスティングの考え方を採用するとともに，その実施を確保するために活性化されたグローバル・パートナーシップを必要としている．

❷ SDGs の概要および特徴

　SDGs は，持続可能で多様性と包摂性のある社会の実現のため，2030 年を年限とする国際目標であり，17 のゴールと各ゴールごとに設定された合計 169 のターゲットおよび

第14章　持続可能な開発目標(SDGs)の達成に向けて

図14-1　持続可能な開発目標(SDGs)の17のゴール

資料：国連広報センターの資料より

表14-1　SDGs17のゴールが意図するもの

ゴール1（貧困）	：あらゆる場所のあらゆる形態の貧困を終わらせる
ゴール2（飢餓）	：飢餓を終わらせ、食糧安全保障及び栄養改善を実現し、持続可能な農業を促進する
ゴール3（健康な生活）	：あらゆる年齢のすべての人々の健康的な生活を確保し、福祉を促進する
ゴール4（教育）	：すべての人々への包括的かつ公平な質の高い教育を提供し、生涯教育の機会を促進する
ゴール5（ジェンダー平等）	：ジェンダー平等を達成し、全ての女性及び女子のエンパワーメントを行う
ゴール6（水）	：すべての人々の水と衛生の利用可能性と持続可能な管理を確保する
ゴール7（エネルギー）	：すべての人々の、安価かつ信頼できる持続可能な現代的エネルギーへのアクセスを確保する
ゴール8（雇用）	：包括的かつ持続可能な経済成長及びすべての人々の完全かつ生産的な雇用とディーセント・ワーク（適切な雇用）を促進する
ゴール9（インフラ）	：レジリエントなインフラ構築、包摂的かつ持続可能な産業化の側隠及びイノベーションの拡大を図る
ゴール10（不平等の是正）	：各国内および角国間の不平等を是正する
ゴール11（安全な都市）	：包摂的で安全かつレジリエントで持続可能な都市及び人間居住を実現する
ゴール12（持続可能な生産・消費）	：持続可能な生産消費形態を確保する
ゴール13（気候変動）	：気候変動及びその影響を軽減するための緊急対策を講じる
ゴール14（海洋）	：持続可能な開発のために海洋資源を保全し、持続的に利用する
ゴール15（生態系・森林）	：陸域生態系の保護・回復・持続可能な利用の推進、森林の持続可能な管理、砂漠化への対処、並びに土地の劣化の阻止・防止及び生物多様性の損失の阻止を促進する
ゴール16（法の支配など）	：持続可能な開発のための平和で包摂的な社会の促進、すべての人々への司法へのアクセス提供及びあらゆるレベルにおいて効果的で説明責任のある包摂的な制度の構築を図る
ゴール17（パートナーシップ）（以上IGES仮訳）	：持続可能な開発のための実施手段を強化し、グローバル・パートナーシップを活性化する

「169のターゲット」(URL:http://www.mota.go.jp/motaj/files/000101402.pdf)

資料：IGES資料より環境省作成

232 の指標で構成されている（図 14-1，表 14-1 参照）.

環境，経済，社会の諸課題を包括的に扱い，また，課題相互間の関係（inter-linkage）を重視した構造となっている.

SDGs の特徴として，次の 5 つがあげられる.
（ⅰ）先進国を含め，すべての国が行動〈普遍性〉
（ⅱ）人間の安全保障の理念を反映し「誰一人取り残さない」〈包摂性〉
（ⅲ）全てのステークホルダーが役割を〈参画型〉
（ⅳ）社会・経済・環境に統合的に取り組む〈統合性〉
（ⅴ）定期的にフォローアップ〈透明性〉

SDGs には，これまでの国際目標とは異なる幾つかの画期的な特徴がある. 大きな特徴の一つは，途上国に限らず先進国を含むすべての国に目標が適用されるというユニバーサリティ（普遍性）で，MDGs と比較すると，先進国が自らの国内で取り組まなければならない課題が増えている. 次に，包括的な目標を示すと同時に，各々の目標は相互に関連することが強調されており，分野横断的なアプローチが必要とされている.

さらに，リオ＋ 20 で示された，環境，経済，社会の三側面統合の概念が，2030 アジェンダおよび SDGs において明確に打ち出されている点も特徴的である. 具体的には，2030 アジェンダの序文では，「持続可能な開発を，経済，社会及び環境というその三つの側面にお いて，バランスがとれ統合された形で達成することにコミットしている」と明記されている. この経済，社会，環境の三側面をバランスがとれ，統合された形で達成するという考え方は，環境基本計画などに示されたわが国の環境政策が目指すべき方向性と基本的に同様であるといえる.

SDGs の 17 のゴールには，水・衛生，エネルギー，持続可能な都市，持続可能な生産・消費，気候変動，陸域生態系，海洋資源といった地球環境そのものの課題や，地球環境と密接に関わる課題が数多く含まれている. これは，地球環境の持続可能性に対する国際社会の危機感の表れといえる.

SDGs の 17 のゴールと 169 のターゲットは相互に関係しており，複数の課題を統合的に解決することや，一つの行動によって複数の側面における利益を生み出すマルチベネフィットを目指すという特徴をもっている. 環境政策の観点から SDGs のゴール間の関連性を見ると，環境を基盤とし，その上に持続可能な経済社会活動が存在しているという役割をそれぞれが担っていると考えられる.

この考えは，地球の限界（プラネタリー・バウンダリー）の考え方とも整合しており，このような地球の限界の中で持続可能な社会をいかに実現するかが問われている.

③ SDGs の環境との関わり

SDGs の 17 のゴールを見ると，「ゴール 6（水）」，「ゴール 12（持続可能な生産・消費）」，「ゴール 13（気候変動）」，「ゴール 14（海洋）」，「ゴール 15（生態系・森林）」などのゴールは，特に環境と関わりが深くなっている. これは，SDGs の前身の一つである MDGs には，8 つのゴールのうち環境に直接関係するゴールが一つしか含まれなかったことと比較して，環境的側面が増加していることをよく表している.

また，これにとどまらず，SDGs の特徴の一つであるゴール間の関連から，その他のゴールにも環境との関わりが見られる. 例えば，「ゴール 8（雇用）」では，「包摂的かつ持続可能な経 済成長及び全ての人々の完全かつ生産的な雇用と働きがいのある人間らしい雇用（ディーセント・ワーク）」が目標であり，そのためには，ターゲット 8.4 で示されているように「世界の消費と生産における資源効率を漸進的に改善させ，先進国主導の下，持続可能な消費と生産に関する 10 年計画枠組みに従い，経済成長と環境悪化の分断を図る」ことが重要としている.

このように，各ゴールはターゲットを介して環境との結び付きが示され，持続可能な開発の三側面（環境，経済，社会）は一体不可分であるという考えが，ターゲットのレベルでも貫かれている.

第14章　持続可能な開発目標(SDGs)の達成に向けて

このことをわかり易く整理し，環境，経済，社会の三層構造を木の模式図で表した研究がある．（図14-2参照）

木の枝には，環境，社会，経済の三層を示す葉が繁り，木を支える幹は，ガバナンスを示している．木の根に最も近い枝葉の層は環境であり，環境がすべての根底にあり，その基盤上に社会経済活動が依存していることを示している．また，木が健全に生育するためには，木の幹が枝葉をしっかり支えるとともに，水や養分を隅々まで行き渡らせる必要がある．木の幹に例えられているガバナンスは，SDGsが目指す環境，経済，社会の三側面の統合的向上を達成する手段として不可欠なものである．また，模式図の三層それぞれに，関連の深いSDGsのゴールを当てはめてみると，ゴールが相互に関連していることが一層理解しやすくなる．

❹ SDGs達成に向けたわが国の取り組み

わが国では，1992年の地球サミットの成果も踏まえ，1993年11月に「環境基本法（平成5年法律第91号）」を制定し，同法に基づき環境基本計画を策定（1994年12月閣議決定）しているが，2006年に策定された第三次環境基本計画（2006年12月閣議決定）以降は，環境・経済・社会の統合的な向上を重視すべき環境政策の展開の方向として掲げ，持続可能な社会の構築に向けた取り組みを進めてきている．こうした考え方は，2015年に合意されたSDGsの考え方と親和性のあるものであり，SDGsで世界が共有するに至った統合性という考え方を同計画が早期に取り入れたものといえる．

わが国においてSDGsを推進するため，2016年5月に，内閣に「持続可能な開発目標（SDGs）推進本部」が設置されており，内閣総理大臣を本部長，内閣官房長官，外務大臣を副本部長とし，他の全ての国務大臣を本部員として構成されている．推進本部の下には，行政，NGO，NPO，有識者，民間セクター，国際機関，各種団体などの広範な関係者が意見交

図14-2　環境,経済,社会を三層構造で示した木の図

資料:環境省環境研究総合推進費戦略研究プロジェクト「持続可能な開発目標とガバナンスに関する総合的研究」より環境省作成

換を行う「SDGs推進円卓会議」が設置され，会議での各界の意見も踏まえ，2016年12月に「持続可能な開発目標（SDGs）実施指針」が決定された．実施指針では，持続可能で強靱，そして誰一人取り残さない，経済，社会，環境の統合的向上が実現された未来への先駆者を目指すことをビジョンとして掲げ，8つの優先課題と約140の具体的施策を定めた（図14-3参照）．主な環境関係の優先課題は「省・再生可能エネルギー，気候変動対策，循環型社会」，「生物多様性，森林，海洋等の環境の保全」である．

図14-3　持続可能な開発目標（SDGs）実施指針の概要

●ビジョン:「持続可能な強靭，そして誰一人取り残さない，経済,社会,環境の統合的向上が実現された未来への先駆者を目指す」
●実施原則:①普遍性,②包摂性,③参画性,④統合性,⑤透明性と説明責任
●フォローアップ:2019年までを目処に最初のフォローアップを実施

8つの優先課題と具体的施策

①あらゆる人々の活躍の推進	②健康・長寿の達成
■一億総活躍社会の実現　■女性活躍の推進　■子供の貧困対策　■障碍者の自立と社会参加支援　■教育の充実	■薬剤耐性対策　■途上国の感染症対策や保健システム強化，公衆衛生危機への対応　■アジアの高齢化への対応
③成長市場の創出,地域活性化,科学技術イノベーション	④持続可能で強靭な国土と質の高いインフラの整備
■有望市場の創出　■農山漁村の振興　■生産性向上　■科学技術イノベーション　■持続可能な都市	■国土強靭化の推進・防災　■水資源開発・水循環の取り組み　■質の高いインフラ投資の推進
⑤省・再生可能エネルギー,気候変動対策,循環型社会	⑥生物多様性,森林,海洋等の環境の保全
■省・再生可能エネルギーの導入・国際展開の推進　■気候変動対策　■循環型社会の構築	■環境汚染への対応　■生物多様性の保全　■持続可能な森林・海洋・陸上資源
⑦平和と安全・安心社会の実現	⑧SDGs実施推進の体制と手段
■組織犯罪・人身取引・児童虐待などの対策推進　■平和構築・復興支援　■法の支配の促進	■マルチステークホルダーパートナーシップ　■国際協力におけるSDGsの主流化　■途上国のSDGs実施体制支援

資料：持続可能な開発目標（SDGs）推進本部会合の資料より

SDGsの環境側面に関しては，①多くの環境関連ゴール・ターゲットが含まれ，②実施に向けて多様な主体が関与しており，③実施に向けた取り組みは多様であり，先行事例を見つつ，創意工夫が必要であるという特徴がある．

この実施指針における優先分野に総力をあげて取り組むために，2017年12月には「SDGsアクションプラン2018」がSDGs推進本部において策定された．

⑤ SDGs達成のために環境アセスメントを活用しよう

わが国のSDGs実施指針では，「政府全体及び関係府省庁における各種計画や戦略，方針の策定や改訂にあたっては，SDGs達成に向けた観点を取り入れ，その要素を最大限反映する」とされている．また，第五次環境基本計画では，SDGsの考え方を活用して地域における各種計画の改善に資するようなものにすることが必要であるとしている．

持続可能な社会の実現に向けて，気候変動への対応や生物多様性の保全など，環境保全に適切に対処するために，個別の事業の計画段階における環境アセスメントにおいて環境配慮を講じることが必要である．また，今後，政策およびより上位の計画段階から環境配慮を組み込んでいく戦略的環境アセスメント（SEA）を実施することにより，SDGsの目標の達成に貢献することが求められる．

第14章　持続可能な開発目標（SDGs）の達成に向けて

2. 政策や事業計画の立案検討段階における戦略的環境アセスメント

❶ 戦略的環境アセスメント・SEA の意義

　SEA は，政策や上位の計画の策定に際して環境配慮の取り組みを意思決定に統合化する手法であり，持続可能な社会の実現をめざす有効な対策手段である．SEA は，米国の国家環境政策法で制度化されたことを契機として，各国では 1990 年代に検討が始まっている．例えば EU では 2001 年の SEA 指令に基づいて制度化され，また韓国や中国などでも制度化されるなど，今日では広く各国に導入されている．

　一方わが国では，欧米やアジア諸国に比して未だ体系的な制度として実施されていないものの，今後の環境政策の展開においてその実現に向けて検討を進める方向である．例えば，環境保全に関する総合的かつ長期的な施策の大綱として策定される「第五次環境基本計画」（2018

年 4 月閣議決定）では，持続可能な社会に向けて「経済社会システムに環境配慮が織り込まれ，環境的側面から持続可能であると同時に，経済・社会の側面についても健全で持続的である必要がある」（第五次環境基本計画 p.8）との認識のもとに，計画の重点戦略を支える環境政策の基盤として「事業の位置・規模等の検討を行う段階より上位の政策・計画の策定時に適切に環境配慮を組み込むための戦略的環境アセスメントの実施方策について検討する」という方向性を打ち出している．

　SEA は，SDGs に掲げる持続可能な社会の実現に向けて，環境政策の基盤的施策としての役割を担い，今後は着実で実効ある制度の設計と推進が課題となっている．

❷ SEA の位置づけと概念

　SEA の法的な意義・位置づけに関して，環境基本法第 19 条は「国は，環境に影響を及ぼすと認められる施策を策定し，及び実施するに当たっては，環境の保全について配慮しなければならない」と定めており，この規定に対応して，国が環境に影響を及ぼす施策や計画を策定するなどに際して環境保全について配慮していくための具体的な措置として SEA を位置づけることができる．

　同時に環境基本法では，事業レベルに適用される環境影響評価（環境アセスメント）について明文化している．同法第 20 条の「環境影響評価の推進」では，政策・上位計画に適用される SEA とは区別して事業に対する環境影響評価の位置づけを明記しており，「国は，土地の形状の変更，工作物の新設その他これらに類する事業を行う事業者が，その事業の実施に当たりあらかじめその事業に係る環境への影響について自ら適正に調査，予測又は評価を行い，その結果に基づき，その事業に係る環境の保全について適正に配慮することを推進するため，必要な措置を講ずるものとする」と規定する．こ

こでいう「環境影響評価」の意味は，土地の改変事業や工作物新設などを行う事業について，事業者が事前に事業に係る環境影響について自ら調査，予測・評価を行い，環境保全について適正に配慮するための必要な措置を実施することを指している．

　SEA の概念について，取り組みが先行している欧米諸国の状況をみると，米国で 1969 年制定された国家環境政策法は世界で最初に SEA を導入した制度であり，環境に重大な影響を及ぼす法律やその他の政府活動の提案（幅広く政策や事業を含む）に対して環境アセスメントの実施を義務づける枠組みである．また，欧州各国の取り組み実績を踏まえて 2001 年に策定された SEA に関する EU（欧州連合）指令は，プランとプログラムに対して環境アセスメントを求める一般的な手続や要素を定めた枠組み法であり，加盟各国に SEA の導入を促進するものとなっている．

　これらの取り組みを参考に SEA の概念について主要な要素を抽出すると，適用の対象，政策などの意思決定への活用，評価対象分野の 3

つの内容に関して整理することができる．すなわち SEA は，①実施対象として政策，プラン・プログラムについて適用される（上位の政策・計画への適用），②政策などの戦略的レベルの意思決定プロセスにおいて重要な情報を提供する（政策などの意思決定への活用），③環境への配慮とともに社会・経済の視点を意思決定に統合化する（評価対象分野の拡大），という要素を有している．

このように，SEA はより上位の政策・計画段階から意思決定に際して実施され，環境を含めて経済・社会の視点を統合化する仕組みであり，持続可能な社会の形成に寄与するツールとして重要な役割が与えられている．

③ 計画段階配慮書手続きと SEA

2011 年法改正以前においては，環境アセスメントは事業の実施段階で適用される手続き（事業アセスメント）であり，事業計画の立地場所やルートなどが既に決定された段階で予測・評価が実施され，環境保全措置が検討される仕組みであった．この事業アセスメントでは，当該事業により重大な環境影響が生じることが予測される場合であっても，事業者が立地の変更などを行い重大な影響を回避するなどの柔軟な措置を講じることは困難であると指摘されてきた．そこで，法改正に際して新設された「計画段階配慮書手続」は，事業の実施段階で行われる環境アセスメントの限界を補いつつ事業者に対して早期の計画段階から複数の事業案について比較・検討を行うよう義務づけることにより，重大な環境影響を回避し低減することを企図して導入されたものであった．

配慮書手続きでは，事業者は，事業計画段階において実行可能な複数案を設定して環境配慮について検討するとともに，作成した配慮書に関して環境大臣および主務大臣の意見を勘案し，また地域の自治体および住民の意見を聴取することなどを通じて，早期の段階から環境配慮を取り入れることになる．これにより，次の方法書，準備書などの手続きと連動して，事業計画レベルの環境配慮では一定の水準が確保される仕組みに改善されている．

他方，配慮書手続きは，個別の事業を対象として影響評価を行い環境配慮を盛り込む枠組みであり，他の事業を含めた総合的観点から当該事業の必要性や妥当性，優先順位などを検討することは対象外である．こうした趣旨の検討は，事業の実施に枠組みを与える計画や政策の段階で対象とした影響評価を検討する仕組みが必要である．すなわち，上位の計画の立案段階や政策制度の検討段階を対象とした本格的な SEA の適用が求められよう．

④ SEA の適用対象

SEA の適用対象は，事業段階よりも上位の政策・計画である．これは一般に PPP と呼ばれ，ポリシー（Policy：政策），プラン（Plan：基本計画），プログラム（Program：実施計画）を指している．この場合，ポリシーは一連の施策や行動の方向全般を表す政策であり，プランは個別事業の実施に枠組みを与える上位計画や全体的な基本計画を，プログラムは事業に関する目標，手段や行動を含む実施計画といったニュアンスを意味する．図 14-4 に，EU とわが国の取り組みと対比しながら SEA や従来の環境アセスメントの位置づけなどを示した．

2011 年の環境影響評価法改正により，事業計画の検討段階において事業の位置・規模や施設の配置・構造などを検討対象とする「計画段階配慮書手続」が制度化され，EU でいう EIA（Environmental Impact Assessment）と同等の範囲を包含した事業計画段階の環境アセスメントの仕組みが整備されている．しかし，この法改正の際には，上位の政策・計画レベルを対象とする SEA の導入について積極的な議論が行われたものの，最終的にはその制度化は今後の検討課題とされ，先送りされた経緯がある．

第14章　持続可能な開発目標(SDGs)の達成に向けて

なお，個別分野ではSEAと類似の枠組みが実施されている．例えば国土交通省では「公共事業の構想段階における計画策定プロセスガイドライン」を策定し，事業計画の透明性と客観性，合理性を向上させ，より良い事業計画づくりに資することを目的として，上位の構想段階から検討手順の事前の明確化，住民参画の促進，技術・専門的検討との連携などを進めて，地域や事業の特性などに応じた多様な観点から複数案を検討し評価する手続きを実施している．

図14-4　事業計画の流れとSEA・EIAの適用対象

❺ SEAの機能

SEAは持続可能な社会の実現に向けた政策ツールであり，すでに制度化されているEIAに比べていくつかの特徴をもっている．ここでは3つの論点を指摘する．

第1に，SEAは，複数の事業の位置づけや方向性を定める政策や基本計画の立案・策定に際し，その政策などがもたらす環境影響を予測評価し，防止することをめざす手法である．現行のEIAが，個別の事業に対してその影響を予測・評価し，保全措置を実施することにより，環境影響を未然に防止する機能を果たすものであるのに対し，SEAは複数事業が存在する場合の累積的な環境影響の低減や，事業総体の実施量や方向性について関与することにより，その実施に伴う総合的な環境影響を低減して，社会全体の環境配慮づくりを実現する手法である．

第2は，SEAは，高いレベルの政策決定プロセスにおいて環境配慮の組み込みをめざす手法であり，SDGsに示す持続可能な社会の形成という今日的な課題に対し，より根源的で積極的に働きかける施策アプローチということができる．適用対象とする政策・計画の目的を踏まえながら，EIAに比べて潜在的な幅広い複数案を検討する手順を行うことにより，高いレベルの政策などの意思決定に際して環境配慮を内部化する役割を担っている．

第3として，SEAは，より高次の政策などを対象とする中で，環境的側面とともに経済，社会の諸側面を含めて総合的に予測・評価を行い，健全で持続可能な社会づくりを誘導する意義を有している．EIAが事業による環境影響の未然防止の観点から環境要素を予測・評価の対象とするのに対し，SEAでは環境要素はもとより，経済や社会に関わる幅広い項目，例えば事故，交通，健康影響，文化，人権，費用（コスト），地域資源利用，土地利用，雇用，地域経済などの社会面や経済面を評価対象にすることが行われている．SEAが持続可能な社会の実現に向けた施策ツールとして位置づけられ

る理由の一つは，SEA がもつ環境面と社会面，経済面を統合的に予測・評価して取るべき保全措置を考えていく仕組みにあり，まさに SDGs に掲げる目標を達成する手段として活用することができるとみることができよう．

6 おわりに

SEA は，SDGs に示す持続可能な社会の実現に向けて早期の段階から環境などの視点を政策の意思決定に統合する施策手段として活用されるものである．計画段階配慮書手続きと相応の類似性は有するものの，制度対象の設定，適用時期，予測・評価手法などの面でこれまでのEIA の枠組みとは大きく異なっている．改正環境影響評価法の施行により配慮書手続きの運用が始まって一定年数が経過する中で，相当数の取り組み事例が集積し，関連する知見も蓄積されつつある．こうした経緯を踏まえながら，本格的な SEA 制度の導入に向けて，環境影響評価法とは別の枠組みとして策定することも含めて広い観点からの検討が求められている

3. 気候変動対策における環境アセスメントの役割

1 気候変動対策の分類

「持続可能な開発目標」（SDGs）では，13番目の目標として「気候変動に具体的な対策を」があげられ，環境アセスメントの考え方は既に広く適用されており，気候変動の原因である温室効果ガスの排出量の予測や気候変動によって生じる海面上昇，気象や生態系の変化に加えて人間への健康面や農林漁業への影響など幅広い．環境アセスメントの研究や実務を扱っている環境アセスメント学会とともに，国際的な団体である国際影響評価学会（International Association for Impact Assessment: IAIA）においても，毎年開かれている年次大会で気候変動に関する報告が多くなされている．

一方，これまで国内で取り組まれてきた環境アセスメントは主として個別事業を対象としたものであり，上記の取り組みの一部をなすものと考えることができる．特に，国内のアセス制度の間には一定の距離がある．この中で，環境アセスメントの取り組みが特に貢献できると思われる点として，気候変動対策としての緩和と適応があげられる．全国地球温暖化防止活動推進センター（JCCCA）によれば，緩和とは，温室効果ガスの排出削減と吸収の対策を行うことであり，省エネの取り組みや，再生可能エネルギーなどの低炭素エネルギーの普及，植物による CO_2 の吸収源対策に加え，ヒートアイランド対策などがあげられる．

これに対して，適応は既に起こりつつある気候変動影響への防止・軽減のための備えと，新しい気候条件の利用を行うことで，人間や社会，自然のシステムにもたらされる影響の軽減をはじめ，リスクの回避・分散・受容と，機会の利用をふまえた対策のことで，渇水対策や農作物の新種の開発や，熱中症の早期警告インフラ整備などが例としてあげられる．

ここでは，国内のアセス制度が主として扱ってきた個別事業の計画段階における環境アセスメントの中で，緩和と適応に関連した内容を紹介するとともに，今後の展開として個別事業から地区や地域の累積的な影響を考慮した環境アセスメントの方向について扱う．

2 緩和に関連した環境アセスメント手法

事業の実施に伴い温室効果ガスの増加が想定される場合，影響の緩和のための環境アセスメント手法が検討されており，内容としては，他の評価項目と同様，現況の調査から予測，評価，環境保全措置の検討があげられる．国内では 1990 年代に入っていくつかの自治体で計

第14章　持続可能な開発目標（SDGs）の達成に向けて

画レベルの環境アセスメントが徐々に具体化する動きがあり，その中で気候変動対策の一環として事業実施による温室効果ガスの影響を扱う例が出てきた．その後，1999年に施行された環境影響評価法では当初から影響評価項目の一つとして，温室効果ガスをあげている．なお，大気・水・土壌分野の影響評価と異なり，温室効果ガスによる環境影響は，時間的にも空間的にも広がりが大きく，前述したように影響も多様である．そのため，事業の実施に伴う温室効果ガスの発生量を予測し，環境保全策を評価する手法が用いられている．ここでは，環境省の影響評価手法の技術ガイドや東京都の技術指針を参考に概要をまとめる（環境省，2006；環境省監修，2016；東京都，2014))．

まず，温室効果ガスの対象としては，「地球温暖化対策の推進に関する法律」（地球温暖化対策推進法）第二条第3項で定められているCO_2やメタンなど6種があげられており，環境アセスメントの対象となる事業の実施によって新たに生じる温室効果ガスの発生メカニズムを検討し，予測の対象とする温室効果ガスの排出形態を特定する．他の評価項目と同様に，事業の工事段階や供用段階において事業立地場所で発生する温室効果ガスとともに，電気やガスなどのエネルギーの使用に伴って発電所をはじめとする事業立地外で発生する温室効果ガスも対象にしている．特に，大規模建築物や道路・鉄道などの事業においては，施設の供用時に使用するエネルギーの内容が評価の対象になるが，大規模建築物の供用時に生じる電気使用を対象とする場合，どのような発電所から電気が供給されるかによって温室効果ガスの発生量は異なる．また，道路事業の場合，発生量は自動車が用いる燃料によって左右され，電気自動車の走行を想定する場合も，電気を生み出す発電所から排出される温室効果ガスの扱いによって結果は変わる．さらに，事業実施に伴う資材調達を中心とするサプライチェーンや，3Rを含めた廃棄物の処理を対象とした下流側のプロセスに伴う温室効果ガスを含めて評価することも考えられる．このように，エネルギーの使用を伴うほぼすべての行為に対して温室効果ガスが生じるため，スコーピングの段階では，どの範囲までを対象として予測評価を行うのかを検討しておく必要がある．

予測の段階では，使用する燃料の種類や量，自動車の走行，電気の使用量など事業の実施に伴う活動量を整理したうえで，次のような2つの方法により温室効果ガスの排出量を把握する．一つは，扱う燃料の成分から求める方法で，使用燃料中に含まれる炭素成分が完全燃焼によりすべて酸化され二酸化炭素として排出されるものと想定し，燃料の使用量と成分比から算定するものである．2つ目の方法として，事業に伴う活動を特性ごとに区分し，それぞれの区分ごとに活動量を推定し，これまでに公表されている活動区分ごとの排出係数を用いて，事業実施に伴う排出量の全体量を予測する．活動の区分としては，燃料・電気の使用，ボイラーの使用や自動車走行を含めた燃料の燃焼，工業プロセス，農業，廃棄物の処理などがあり，これらに対して，排出係数に関する公表資料として，国全体の排出量を算定するものや（環境省，2002)，民間事業者の事業からの排出量算定を行うもの（環境省，2003)などがある．また，風力や太陽光などの再生可能エネルギーを利用した発電施設の新設の場合には，発電量に応じて温室効果ガスが削減されたとする考え方もある．なお，二酸化炭素以外の温室効果ガスを対象とする場合は，物質によって温室効果の度合いが異なるため，地球温暖化係数と呼ばれる数値を用いて，二酸化炭素の量に換算する．このほか，類似事例から排出量を予測する方法もあるが，いずれの方法においても温室効果ガスの排出量を直接測定するわけではなく，あくまで参考事例から推定を試みているものであり，得られた結果にはある程度の不確実性が存在することに留意する必要がある．

環境保全措置の検討では，前述したように他の評価項目と異なり温室効果ガスによる環境影響を直接評価するわけではないので，階層的な保全措置の体系（ミティゲーションヒエラルキー）にある回避，低減，代償という考え方をそのまま当てはめることは困難である．そのため，技術ガイドでは環境保全措置による温室効果ガスの削減量と実施の確実性の2点から検討することが重要とされている．

なお，事業の実施に伴い植林などの人為的活動を実施した場合には，これらの二酸化炭素固定量を温室効果ガスの吸収量として評価することも考えられる．ただし，算定される第三者が検証可能な形で根拠を示す必要がある．

評価の段階では，大別して事業実施前に発生していた温室効果ガスの量と比較して実行可能な範囲での最大限の排出量の削減がなされているかという観点と，国の「地球温暖化対策推進大綱」や地方公共団体が策定する「地球温暖化対策地域推進計画」において削減目標との整合性という観点から判断する観点が示されている．ただし，前者はあくまで努力目標であること，また後者については国や自治体レベルの目標と個別事業により生じる温室効果ガスの排出との間のスケールギャップがあることから，明確な評価基準の設定が困難な状況にある．

これに関連して，国は火力発電所の立地に伴う二酸化炭素の取り扱いとして，次の2点を示している（経済産業省・環境省，2013）．第1に，Best Available Technology (BAT) の考え方に基づき，既設の最新鋭の技術，既に採用が決定している新規技術，開発・事象段階の技術を国が整理・公表し，事業者は既設の最新鋭技術以上を採用するよう努めること，第2に，国の目標や計画に関連して，地球温暖化対策計画の中期目標と整合を図るとともに，2050年目標との関係では，事業者は今後の革新的なCO2排出削減対策について継続的に検討するとともに，国は従来からの研究開発に加え炭素貯留適地の調査やCCS Readyの内容の整理などを進めるとしている．

なお，火力発電所から排出される温室効果ガスは他の発電手段に比べて多く，特に石炭火力を対象とした事業については地球温暖化対策の観点から極めて厳しい意見が提起されている．

また，対象とする事業だけでなく，事業地を含めた地域全体の地球温暖化対策における位置づけや貢献についても検討する必要がある．この点は後の項目でも触れる．

こうした観点に関連して，建築物の環境性能評価の手法としてCASBEE（建築環境総合性能評価システム）があり，CO2を含めた環境負荷と環境面からみた建築物の品質を数値化したうえで，定量的に評価し認証する仕組みがある．この考え方は街区や都市にまで広がりつつある．

③ 適応に関連した環境アセスメント手法

国内では事業レベルのアセスメントにおいて気候変動への適応に関する検討はますます重要な課題となりつつあり，外国ではいくつか検討が試みられている事例が出てきている．

オランダの社会基盤・環境省（Ministry of Infrastructure and the Environment）では，道路整備をはじめとする社会インフラに関連した施設が長期の供用期間を前提に計画されているのに対して，期間中の気候変動の影響を考慮し対象事業がどのように適応するかを検討する試みが始まっている（Barten et al., 2017）．この中で，環境アセスメントにおける気候変動への適応に関する扱いとして，3つの段階が示されている．第1の段階として，環境アセスメントの対象となる計画や事業が気候変動にもたらす影響の記述，第2の段階は，気候変動が対象計画や事業にもたらすリスクや脆弱性の評価でこの中には気候変動に対する適応の選択肢も含むとされている．第3の段階として，気候変動がもたらす影響の不確実性を考慮し，気候変動の将来シナリオに基づく最小と最大のリスクや脆弱性を記述し，その結果に基づく適応方策を検討するとされている．

事例としてあげられている道路事業では，気候変動がもたらすリスクとして，洪水，豪雨／地下水レベルの上昇，干ばつ，猛暑があげられており，施設の運用や周辺環境の変化に加えて，構造物そのものへのダメージがリスクとして想定されている．2011年に立案された社会インフラ・空間計画に関する国家ビジョンに対する戦略的環境アセスメント（SEA）の中で実施されたパイロット事業では，道路の拡幅事業などを対象に気候変動への適応に関する環境アセスメントが実施されている．

第14章　持続可能な開発目標（SDGs）の達成に向けて

❹ 今後の課題：累積影響や計画・政策レベルの環境アセスメントへ

　気候変動の原因となる温室効果ガスは，エネルギー消費の多様な場面で発生し，影響は地球全体に及ぶ．そのため，上記で示した個別事業を対象とする環境アセスメントに加えて，今後は，地域レベルの計画や政策レベルでの戦略的な環境アセスメントが求められる．特に，気候変動対策は累積的影響評価（Cumulative Impact Assessment）を行うべき典型例といえる．国際金融公社（IFC）では累積影響の評価のためのハンドブックを公表しており，基本的な考え方は通常の環境アセスメントと同様である．すなわち，空間的・時間的な範囲を設定した後，原因となる対象事業や外部的な影響要因とともに，影響を受ける環境社会項目の現状を把握する．そのうえで，シミュレーションやシナリオに基づき累積影響を評価し，回避・低減・代償というミティゲーションヒエラルキーに基づく対応策を検討する．

　事業レベルの環境アセスメントと異なり，累積的影響の評価には様々な事業や主体が関与する可能性が高いことから，それぞれの事業や主体の役割や責任を明確化するとともに，対象となる地域を管理する国や自治体が他の主体と建設的な関係を築いていくかが課題としてあげられる．

　気候変動対策の場合には，従来の環境アセスメントの対象以外の既存施設や交通・家庭部門に対する国や地域レベルの施策との連携も考慮に入れることが求められる．

　こうした方向を進めていくと，地域レベルで温室効果ガスの総量をコントロールしていくという考え方につながる．そこでは，それぞれの地域における環境容量に類似した考え方に基づき，様々な開発事業に伴う温室効果ガスの総量に，ある程度の制約を課していくことも検討される必要があると考えられる．ただし，多様な発生源からの排出量の配分とともに，先行する事業の既得権益や削減義務の扱いなど検討すべき点は少なくない．

4. 環境に係る情報基盤の強化，情報共有の推進

❶ 環境アセスメントのための情報基盤とその共有の推進

　環境アセスメントは，手続手法による環境対策であり，科学的な調査と予測（技術面）と情報交流（社会面）の取り組みにより，環境への影響を見積もり，評価し，環境への配慮を事業に反映させるために実施される．そのため，これら2つの取り組みを支える情報基盤が整備され，立場の違いを超えて共有できていることが重要である．

　環境情報へのアクセスの向上は環境対策の重要な柱である．加えて，アクセス（入手の容易さ）の向上だけではなく，情報源にたどりついた際にどこに知りたい情報があるのかを案内するレファレンス機能と，そこに記載された情報の意味を理解することを助けるファシリテート機能とが，環境行政やそれを補完するNGOなどに備わっていることが望まれる．さらに，情報の生産・蓄積において環境行政とNGOなどの間にパートナーシップ（協働）が機能し，情報を生かす努力がなされることが望まれる．と

はいえ，現状ではアクセスの向上が何よりも切実な政策課題である．

　環境アセスメントに関しては，①各種手続きにおいて情報の共有がなされているか，②縦覧期間後においてその成果が共有されているか，③事前配慮のために情報が蓄積され，共有されているかが問われることとなる．このうち①については8章で詳細にみたので，ここでは②と③について整理する．

　こうした方向を進めていくと，地域レベルで温室効果ガスの総量をコントロールしていくという考え方につながる．そこでは，それぞれの地域における環境容量に類似した考え方に基づき，様々な開発事業に伴う温室効果ガスの総量に，ある程度の制約を課していくことも検討される必要があると考えられる．ただし，多様な発生源からの排出量の配分とともに，先行する事業の既得権益や削減義務の扱いなど検討すべき点は少なくない．

❷ 縦覧期間後のアセス図書の公開の状況

①閲覧と電子公開の制約

　環境省は，1999年から2011年3月までは，社団法人(当時)日本環境アセスメント協会に委託して，アセス図書の閲覧サービスを行っていた．しかし，事業者サイドによる著作権上の問題や秘匿すべき情報の扱いなどの指摘を受け，これを中止した．

　同じ2011年4月に改正された環境影響評価法ではアセス図書の電子縦覧が新たに義務付けられた．しかし，縦覧期間が過ぎると閲覧できなくなる上に，ダウンロードしたPDFファイルも縦覧期間を過ぎると開けなくなる設定を施す事業者が大半を占めた．

　2011年4月以降は，縦覧期間後のアセス図書は，環境省に事前に予約し，環境省から事業者に許可を求めて，同意の得られたもののみが，環境省内での閲覧を許される状況となった．例えば，東日本大震災被災3県で過去に実施された59件のアセス図書の閲覧を求めた事例では，閲覧できたのは36件のみで，閲覧ができなかったものは1件を除いてすべて電力に関するものだった（傘木,2011）．

②地方公共団体の状況

　環境省環境影響評価課が，2016年3月時点で，47都道府県，20政令指定都市を対象に，ホームページを閲覧して調査した結果（表14-2），以下の状況がわかった．

　縦覧期間外のアセス図書（PDF原稿）を閲覧できたのは，埼玉県，山梨県，長野県，三重県，京都府，大阪府，愛媛県，札幌市，仙台市，さいたま市，名古屋市，大阪市，広島市，北九州市の14団体（20.9％）であった．その際，図書の公表についての規程・要領がホームページ上で開示されていたのは，長野県，札幌市，横浜市，相模原市，北九州市の5団体であった．なお，仙台市や北九州市では，確認したサンプルの範囲内において，PDF原稿をダウンロードすることはできても，印刷ができない場合が認められた．

　別の調査では，都道府県の図書館や文書館，資料センターなどで，アセス図書を閲覧できるところは33団体（70.2％）あった．

　このように，地方公共団体においても，縦覧期間外にアセス図書を閲覧できる状況は限られていて，自由に閲覧できる状況にはない．

❸ 事前配慮に資するオープンデータベースの動向

①環境省の取り組み

　環境省では，大気や水質の全国的な観測データなどの蓄積を踏まえて，それらをまとめた「環境総合データベース」を運用している（表14-3）．しかし，他省庁の環境関連データベースとの連携は不十分である．

　また，同環境影響評価課では，1998年6月より「環境影響評価情報支援ネットワーク」を開設し，関連する様々な情報の共有を図ってきた．2012年10月より風力発電所事業が環境影響評価法の対象事業となり，多くの案件で手続きが進められる中，再生可能エネルギーの早期導入と適切な環境への配慮の両立が求められることから，質が高く効率的な環境アセスメントを推進するために，それを支えるための情報基盤の整備が進められている．環境省は，2016年5月，環境情報（動植物の生息状況など）や関連する技術情報をデータベース化した「環境アセスメントデータベース"EADAS"（イーダス）」を公開した．ここでは，地理情報システム（GIS）の上に，全国の様々な環境情報や再生可能エネルギー情報などを重ねて閲覧することができる．また，このデータベース構築に向けて行われたモデル地区の環境情報報告書をはじめ，風力発電に関する各

第14章　持続可能な開発目標(SDGs)の達成に向けて

種文献を検索・閲覧することができる.

　環境アセスメントの場面では,地域の住民をはじめ,地方公共団体の関係部署の担当者,各分野の専門家,団体などの様々な関係者が,地域の特性に関する情報を共有することで,理解の促進が図られ,合意形成やアセス手続きの円滑化などの効果が期待される.

　環境省では,風力発電などの影響を受けやすい場所をあらかじめ明らかにすることにより環境影響の回避・低減に資することを目的に,一般海域などにおける環境基礎情報などの収集・整理に取り組んでおり,海鳥,海洋生物,藻場の分布情報などの整備・更新を進めている.2018年12月からは,生物多様性の観点から重要度の高い海域(重要海域)と事業計画認定情報(FIT認定設備の概略位置)の新規GIS情報を収録した.

　こうした動きとともに,再生可能エネルギーの導入と環境配慮を両立させるためには,地域の自然的条件・社会的条件を評価し,導入促進に向けた促進エリアや環境保全を優先するエリアなどを設定するゾーニングが有効であることから,環境省は,地域の自然的条件・社会的条件を評価し,再生可能エネルギー導入を促進しうるエリア,環境保全を優先するエリアなどをあらかじめ設定する「ゾーニング」手法の確立に向けて,2016年度から風力発電などに係るゾーニング導入可能性検討モデル事業を10地方公共団体において実施し,2018年3月には「風力発電に係る地方公共団体によるゾーニングマニュアル」を策定・公表した.

　ゾーニングは,戦略的環境アセスメント(SEA)の性格も有しており,事業計画が立案される前の早期の段階で重大な環境影響を回避する取り組みとしても位置づけられるものであり,今後の展開が注目される.

②国際機関による取り組み

　地球規模生物多様性情報機構(GBIF)は,2001年に設立され,57か国と42の機関や団体が参加し,日本政府も日本ノード(JBIF)として参加している(投票権はない).主に生物の分布情報を扱い,WEB上で生物多様性に関する情報を公開し誰でも利用できるようにすることを基本理念としている.JBIFは国立遺伝学研究所,国立科学博物館,東京大学,国立環境研究所の4組織からなっており,主に観察情報や印刷物になっている情報を電子化することと,サイエンスミュージアムネットを通じて全国76の自然史博物館などから標本情報を収集・公開し,これらをGBIFに提供している.GBIFに日本ノードが提供しているのは約380万レコードで,そのほとんどが標本データである.カバーしている生物分類群は非常に多く,環境アセスメントにおいても,他の分布情報などと合わせて,生息生物種のリスト作成や,生物種の潜在的生息適地推定などに活用されている.

　一方,地球環境情報統融合プログラム(DIAS)と文部科学省グリーン・ネットワーク・オブ・エクセレンス事業環境情報分野(GRENE-ei)は,地球観測データの集約と解析,可視化,成果情報の提供のすべてを行う野心的な試みとそのシステムを利用した環境問題への取り組みとして実施されている.このデータを同一の空間上で解析し,市民や省庁,地方公共団体,企業や研究者に還元することまでをめざして作られている.

③反映されない環境アセスメントの成果

　このように,環境分野におけるオープンデータベースの構築が進められているものの,上記のデータベースにおいては,環境アセスメントによって得られた情報はほとんど反映されていない.

　本学会情報委員会が2016年に行った調査では,地方公共団体立の博物館で環境影響評価制度に基づいて作成された図書の成果が取り込まれているのは北海道,千葉県,富山市の3団体のみであった.それらの団体においても著作者である事業者からの情報提供が得られない場合もあり,苦慮しているとの声が寄せられていた(環境アセスメント学会情報委員会,2017).

❹ アセス図書の持続的公開の始動

本学会情報委員会では，閲覧サービスが停止された2011年より実態調査を実施し，意見交換の場を設けてきた（表14-4）．

また，諸外国においても，調査した日本を除く9か国中5か国では期間制限なく図書を閲覧できる状況があり（表14-5），早期の対応が必要であると主張した（Urago and Kasagi ,2016）.

本学会では，2016年9月に環境省に対して申入れを行い，これを受けて環境省内に検討委員会が設けられ，学会メンバーもこれに参画して，2年間の検討成果により，2018年4月からの新たなルールによりアセス図書の「持続的な公開」が始まった．

①持続的公開に向けた論点

持続的な公開に際して，論点となったのは，①必要性，②著作権法との兼ね合い（公表権，複製権，貸与権，公衆送信権），③情報公開法との兼ね合い，④公文書管理法との兼ね合いの4点で，慎重な判断を要したのは②（著作権）であった．以下，同委員会での「論点整理」としてまとめられたことの要約を紹介する．

公表権については，事業者がアセス図書のWEB掲載をした場合には，著作権法第4条第1項によって，既に公表がされたものとされ，事業者は公表権を行使できない．環境影響評価法上WEB掲載が義務づけられる以前，縦覧のみが行われていた環境影響評価図書についても，縦覧は不特定多数の者が閲覧可能な状態に置くことであることから，縦覧のために同図書を作成頒布することは発行（著作権法3条1項）に当たると共に，著作権法第4条第1項によって，公表したものと整理することが可能であると考える．なお，事業者がコンサルタント会社に委託してアセス図書を作成する場合，契約において事業者に著作権の譲渡と著作者人格権の不行使同意が入っているのが標準だが，一部事業者に著作権が帰属しない場合も想定した許諾書様式がとられることとなった．

複製権については，個別に事業者の許諾を得た上で縦覧・公表したアセス図書を図書館へ寄贈することとしたため，そのアセス図書の半分までであれば複製は可能とした．ただし，従来通り，情報公開請求により全文の複製を求めることは可能である．

貸与権については，公表された著作物は，営利を目的とせず，貸与を受ける者から料金を受けない場合には，貸与により公衆に提供することができるとされている．しかし，国立国会図書館では貸し出しを行っておらず，その支部である環境省図書館でも，一般向けに図書の貸し出しは行っていない．そのため，アセス図書のみ異なる取扱いを行うことは難しいとのことであったことから，対応方針においては，貸与は行わないこととした．なお，地方公共団体が設置する図書館において，各図書館の規定により貸与が可能になる場合もある．

公衆送信権については，ハードルが一段と高く，著作者は，その著作物について，公衆送信を行う権利を専有するとされており，WEB上への掲載はこの権利の中に含まれる．このため，著作者の許諾なくしてWEB上に掲載することは同権利に抵触する．そこで，今回の対応方針においては，個別に事業者の許諾を得た上でWEB上への掲載を行うこととした．印刷・ダウンロードの可否についても，個別に事業者の許諾を得ることとした．

②新たな持続的公開の要項

対象となる図書は，2018年4月1日以降のもので，環境影響評価法に基づく計画段階環境配慮書，環境影響評価方法書，環境影響評価準備書，環境影響評価書，報告書である（表14-6）.

公開の方法は，法に規定される縦覧期間終了後に，事業者からの許諾書を得て，環境省がインターネットおよび国立国会図書館支部環境省図書館の利用により公開を行う．

環境省WEBサイトにおける公開は，表

14-6 の右欄に示す日に終了する．ただし，公開の期間中に事業者から申し出があった場合には，WEB 公開を終了することとする．

❺ 今後の課題

今回の措置は，大きな一歩ではあるものの，以下のような制約がある．

①国立国会図書館環境省分室（東京）での閲覧に限られている．分室での閲覧には前日夕方4時までの予約が必要であり，開架式ではないので，窓口で図書名を申し出る必要がある．

②電子図書の公開は5年に制約されている．持続的公開の開始以降，2018 年8月末時点で電子公開されているのは3件で，同時期に手続きが行われている事案の5%未満である．公開3件には，PDF をダウンロードできないもの，印刷できないものも含まれている．

③2018 年3月以前の図書は旧態依然の状態にある．

④希少種データなどはマスキングされることから研究資料としての利用が図られない．

今後は国や地方公共団体においても持続的公開の取り組みが広がることで，こうした制約が補完されることをめざしたい．

学会としては，次の環境影響評価法の改定作業をターゲットに，さらなる改善を働きかけていく方針である．また，アセス図書の評釈やこれを使った教育活動を実践することで，アーカイブ化の必要性についての社会的認識を醸成していく必要がある．

情報委員会では，初代学会長の島津康男氏の所蔵資料をはじめ，日本の環境アセスメントの黎明期における研究者や NGO の資料の所在調査や目録化，その公開を試みている．また，こうした民間資料のアーカイブ化に伴う法律や実務上の課題について研究を重ねている．

環境アセスメントは，「現在と将来の国民の健康で文化的な生活の確保に資することを目的とする」（環境影響評価法第一条）ものであることから，将来の世代により検証しうるものでなければならない．そのような視点から，今後は，より良い環境アセスメントの実施に資する情報基盤を整備していくことと，開発事業の影響が続く年月の長さを踏まえたアーカイブ機能の整備とを両輪として進められるように働きかけていきたい．

表14-2　地方公共団体におけるアセス図書の公表状況

区　分		件数	団体名（47都道府県、20政令指定市のうち）
縦覧・公表の規定など※1		5	長野県、札幌市、横浜市、相模原市、北九州市
縦覧期間外の電子公開	PDF※2	14	埼玉県、山梨県、長野県、三重県、京都府、大阪府、愛媛県、札幌市、
	DL※3	14	仙台市、さいたま市、名古屋市、大阪市、広島市、北九州市
	印刷※4	12	（上記のうち仙台市と北九州市を除く）

出所：環境省「環境アセスメント図書の継続的な公開と活用に関する意見交換会」（2017年2月）資料より
※1 アセス図書の縦覧（紙報告書）・インターネット公表（電子データ）に係る規程や要綱の有無
※2 HP上のPDFの有無。※3 HP上のPDFのダウンロード可否。※4 HP上のPDFの印刷可否

表14-3　環境省「環境総合データベース」の構成

NO.	テーマ	DB数	NO.	テーマ	DB数
1	物質循環	18	7(1)	全般（行政）	7
2	大気環境	17	7(2)	全般（技術・研究）	4
3	水環境	24	7(3)	全般（調査）	3
4	化学物質	14	7(4)	全般（環境コミュニケーション）	8
5	自然環境	29	7(5)	全般（環境保全活動）	10
6	地球環境	11	7(6)	全般（総合）	3

出所: 環境省ホームページより（2018 年9月3日最終閲覧）

表14-4 Project EIA report accessibility on the web

Country	Full page/ Summary	Period of disclosure	Number	Year
Australia	Full page	Unlimited	5010	2002–2016
China	Full page	Unlimited	171	2015–2016
India	Full page	Unlimited	1394	2014–2016
Indonesia	–	–	–	–
Japan	(1) Full page (2) Summary	(1) 30 - 40 days (2) No limited	–	–
Korea	Full page	Unlimited	5446	1989–2016
The Philippines	Full page	Until Public Hearing	10-20/Month	2015–2016
Uganda	Full page	Until Public Hearing	5	Unknown
USA	Full page	Until Public Hearing	1366	2012–2016

出典:Urago,Akiko and Kasagi,Hiroo(2016)

表14-5 持続的公開の対象図書と公開終了日

図書など	WEB公開の終了日
計画段階環境配慮書の案又は計画段階環境配慮書(法第3条の7第1項)	環境影響評価方法書の公開開始日又は掲載から5年が経過した日のいずれか早い日
環境影響評価方法書及び要約書(法第6条第1項)	環境影響評価準備書の公開開始日又は掲載から5年が経過した日のいずれか早い日
環境影響評価準備書及び要約書(法第15条)	環境影響評価書の公開開始日又は掲載から5年が経過した日のいずれか早い日
環境影響評価書及び要約書(法第26条第2項又は電気事業法(昭和39年法律第170号)第46条の18第2項)	報告書の公開開始日から5年を経過した日 ただし、法第38条の2が適用されないものは、工事完了から5年を経過した日
報告書(法第38条の3第1項)	公開開始日から5年を経過した日

出所:(環境影響評価情報支援ネットワークより(2018年9月3日最終閲覧)

5. これからの技術手法

本節では，現状の環境アセスメントにおいて用いられている技術手法に関する課題と，SDGs に向けた流れの中でのこれからの環境アセスメントにおいて必要となる技術手法に関する展望について，概説する．もちろん技術手法は制度の枠組みの中で用いられるものであることから，アセスメント制度に関する課題にもふれることになるが，主として技術的な観点から論じることとしたい．

❶ 環境アセスメントのための技術手法の現状と課題

本書の第1章，第2章，第6章などでも述べられているように，環境アセスメントにおいて用いられる技術手法は，大別して調査手法と予測・評価手法に分けられる．

①生活環境系の調査手法

調査手法は環境要素ごとに異なる．ここではそれらの詳細を述べることは避けるが，生活環境系の環境要素では，物理的あるいは化学的な測定・計量技術が利用される場合が大半である．一例として大気汚染物質の濃度測定を取り上げると，かつては手作業ベースの化学分析が中心であった．しかし1970年代頃から機器分析が活用されるようになり，測定精度が大幅に向上した．また機器の自動化が進んだことにより，作業効率が大幅に改善されたことに加えて，高度な専門知識をもたない人材でも測定が可能な状況となってきている．

一方で，性能の高い機器は一般に価格も高いために，環境アセスメントのために要するコストを押し上げるという負の影響も生じている．また自動化が進んだことによって，機器がブラックボックス化し，測定原理を理解しないまま使用することによって，異常値の見落としのような弊害も生じやすくなっている面が否定できない．

第14章　持続可能な開発目標（SDGs）の達成に向けて

② 自然環境系の調査手法

　自然環境系の調査は，地形・地質や景観などを除けば，生物を対象とした調査である．この分野では，現在もなお人の眼による視認が調査手法の中心である．航空写真や衛星画像から画像処理によってデータを得ることも行われてはいるが，現在もなお視認調査が中心であることは変わっていない．

　人の眼による視認調査は，当然ながら専門知識と経験を要するため，対応できる人材は限ら

れ，広範囲にわたって詳細に調査することは困難である．そのため，調査範囲や調査回数が限られてしまうケースも多い．生物個体を識別し，貴重種の有無を確認することは，環境アセスメントにおいて極めて重要な意味をもっているが，その部分が機械化・自動化されることは考えにくく，将来的にも視認調査が中心であることは継続するものとみられる．

③ 生活環境系の予測・評価手法

　予測手法も調査手法と同様に，環境要素ごとに異なる．個別手法の詳細を紹介することは紙面の都合で避けるが，生活環境系の環境要素では，予測手法はコンピュータ上で数式を解いて定量的に予測する方法が主体となっている．そのほか，類似事例との比較によって定性的に予測する方法も，一部では用いられる．

　コンピュータ上で数式を解く方法は，1970年代頃から始まり，現在までの間に格段に進歩した．その中心的な役割を果たしたのは，コンピュータ性能の進歩である．1980年代前半頃までは，環境アセスメントの予測計算は汎用大型コンピュータの世界に限られており，コスト的にも高額であった．しかし現在では，パソコンレベルの小型のコンピュータの性能や容量が，1980年代にスーパーコンピュータと呼ばれたような機種を上回っている状況となって

おり，まったく様変わりしたといってよい．それに伴って，三次元数値モデルと呼ばれる，微分方程式を直接数値的に解くような手法も，パソコン上で実現できるようになった．それらのモデルは，実現象に対する近似のレベルが高いため，より高精度な予測計算が可能となるというメリットをもたらしている．また，多くのパッケージソフトが開発・販売され，一部には無償のものもあって，環境アセスメントの質的向上にも貢献している．

　ただし，高精度なモデルといっても，それは適切に使用された場合であり，またモデルは多くの仮定を含むため，適用可能な条件がある程度限定されることは避けられない．利用にあたっては，それらを十分に理解していることが必要となる．

④ 自然環境系の予測・評価手法

　自然環境系の予測・評価も，多くは生物が対象であることから，経験的な判断による部分が大きい．最近は生物資源を数値化するモデルの研究も進んできているが，まだ環境アセスメント事例の中での活用については，進み始めた段階である．経験的な判断は大半が定性的であることから，それをいかに定量化できるかが課題

ともいえるが，定量化に否定的な意見もあり，判断が分かれている状況にある．

　一方，景観のように，視野率やスカイライン切断の有無といった定量的な指標が用いられている環境要素もある．より客観的・効率的な環境アセスメントの観点からは，定量化が可能な限り進められることが望まれる．

❷ 環境アセスメントの技術手法の進歩と要求される精度の関係

　環境アセスメントの主要な目的は，事業実施に伴う環境影響の程度を予測し，必要な保全対

策を見極めることにある．そのため，予測の精度が大変重要な意味をもっている．前項に述べ

たような近年の技術面での進歩によって，生活環境系を中心に，予測の精度は大幅に向上してきた．

では予測の精度は高ければ高いほどよいといえるであろうか．それに対する答えは，労力とコストが同レベルであれば，イエスである．しかし現実には多くの場合，高い精度を求めれば，労力とコストの一方または両方が上昇する．研究目的であれば，それをいとわずに精度を追求することに意味があるが，環境アセスメントは研究ではないので，環境影響の程度を把握し，保全対策を検討するために必要十分な精度が確保されているかを判断することが必要である．

環境アセスメント制度が事業推進の妨げになっているという意見を聞くことは，稀ではない．特に再生可能エネルギー関連の事業のように，地球規模の環境負荷を減らす役割が期待されている事業の場合には，環境アセスメント制度がブレーキ役になってしまうことは避ける必要がある．必要な精度を確保しつつ，可能なところでは効率化を図っていくことも，これからの環境アセスメントにおける重要な課題といえる．

その意味においては，簡易な予測手法の活用も，有効な選択肢の一つといえる．配慮書制度が導入されたことによって，配慮書段階での予測には簡易な手法も採用しうることが技術ガイドの上でも明記されたが，準備書，評価書の段階でも，簡易な予測手法が活用できる場合はあると考えられ，それは今後の課題の一つにあげられる．

❸ 環境アセスメントの技術手法に関する最近の話題

技術手法に関連して，近年しばしば議論になっているのが，複数の事業による複合影響や累積影響の問題である．複数の事業の対象地域が近接している場合，両者の影響が重なり合うことによって，全体としてどのような環境影響が生じるかを，環境アセスメントの中で把握する必要があるという意見は，アセスメント審査会をはじめとして，多くの場で聞かれるようになってきた．なお，複合影響や累積影響の定義や2つの用語の区別は，まだ十分に確立されていないことから，ここでは両者を区別せずに扱うこととする．これらの用語が多く聞かれるようになった一方で，現在の環境アセスメント制度は，法・条例のいずれにおいても，個別事業単位で，当該事業者がアセスメントを実施する

ことを基本としている．その中で，個別事業の事業者に対して，当該事業以外の事業の影響を含めて予測評価を行わせることは，現行制度の範囲を超える可能性があり，慎重な対応が必要である．一方で，過去の環境アセスメント事例の中では，主として公共事業の事例であるが，他の事業の影響を考慮して予測評価を行った事例も存在する．これらの状況をもとにすると，現時点での実施可能性は，以下のように整理される．

複合影響を考慮する場合には，技術的な課題も存在する．大気汚染のように，汚染物質の排出量と濃度がほぼ比例関係にある場合は，単純に足し算すればよく，問題はほとんどない．騒音・振動に関しても，複数発生源の影響を考慮

表14-6　現時点で想定される複合影響の考慮の可否

他の事業の実施状況	複合影響の考慮の可否	備考
既に供用済	現地調査に他の事業の影響が反映されるため，複合影響を考慮した予測評価が可能．	
既にアセス手続きが終了済	他の事業のアセス図書から予測結果を引用することにより，複合影響を考慮した予測評価が可能．	アセス図書の継続的な公開が必要
現在アセス手続き中	当該事業と他の事業の事業者が共通である場合に限って，複合影響を考慮した予測評価が可能．	
アセス手続き開始前	当該事業と他の事業の事業者が共通である場合に限って，複合影響を考慮した予測評価が可能．	他の事業の概要が明確になっていることが必要

第14章　持続可能な開発目標（SDGs）の達成に向けて

する方法が概ね確立されており，比較的問題が少ないが，最近増加している風力発電事業のように，近接することによって生じる影響がまだ十分に解明されていないケースもある．また自然環境系の環境要素についての複合影響は，まだ研究段階にあるといってよく，直ちに環境アセスメントの実施に全面的に反映させることは難しいのが現状である．

なおこの複合影響と同様な問題として，広域的な現象である光化学オキシダントや，越境汚染の影響が含まれる微小粒子状物質（PM2.5）の問題がある．これらについても，個別事業ごとに実施する現行の環境アセスメントの中で予測評価の対象とすることは困難であり，環境行政全体の課題として取り組むことが必要といえる．

④ 環境アセスメントの技術手法に関する将来展望

環境アセスメント制度も，法制定から20年以上が経過し，条例を含めればその歴史は40年を超えている．その間，技術手法については前節までにも述べたように，多くの進歩を経てきた．それらは環境アセスメント制度の充実と，環境保全に関する有効性の向上に間違いなく貢献してきている．これからも様々な技術が開発され，それによって環境アセスメントの質的な向上が図られることは大いに期待されるところである．

一例をあげると，近年注目されているIT分野の技術の中に，AI（人工知能）がある．AIの発展・普及によって，現在は人の手によって行われている種々の作業がとって代わられるという意見も，しばしば聞かれる．環境アセスメントにおける調査や予測・評価も，遠くない将来においては，少なくとも一部がAIによって代替されるものと予想できる．生物系の調査のように，機械化，自動化が困難な部分が残ることはあるであろうが，専門知識に基づく判断の部分は，AIがカバーしうる範囲である．ただし，AIは人間の知能による判断の情報が蓄積されてルール化されるものであるため，十分な情報の蓄積がなされるまでには，まだしばらく時間がかかるものと推測される．

AIに限らず，環境アセスメントにおいて人間が担っている部分を代替する技術の開発は，これからも進んでいくことが確実視される．それによってアセスメントの実施負担，特にコスト面の負担が軽減される面もあるが，質的な向上につながるようにするためには，今後の努力が欠かせない．それとともに，人間が担う部分とIT技術が代替する部分を適切に組み合わせ，両者の長所を活かすための努力も必要となる．

いずれにしても，環境アセスメントに関わる技術手法は，今後様々な面で進歩していくことは間違いない．それをいかに実務に取り入れ，有効活用していくかが，環境アセスメントに携わる人や組織に課せられた課題といえよう．

（本節の内容は，環境情報科学誌47巻4号26-31ページに掲載された内容を一部加筆修正したものである）

6.　国際展開

① 持続可能な開発目標（SDGs）と環境アセスメント

2015年に成立した「持続可能な開発目標（SDGs）」は，2015年を開発目標とした「ミレニアム開発目標（MDGs）」を拡大して，17の目標（ゴール）と169個の達成数値目標（ターゲット）で構成されている．これらの開発目標は，経済成長を前提としており，その経済成長を推進するためにインフラ整備が必要であることが謳われている．

対象となるインフラ整備は，「ゴール9（インフラ）」および「ゴール11（安全な都市）」による港湾，鉄道，道路，空港，都市交通などの交通・運輸関連，「ゴール7（エネルギー）」による水力発電ダム，火力発電施設などのエネルギー供給設備，さらに「ゴール6（水）」に

よる衛生的な生活を行うための上水道や下水施設があげられる．また，「ゴール15（生態系・森林）」では陸域生態系の保護および回復並びに土地の劣化の阻止および回復が必要とされている．

インフラ整備の実施にあたっては，開発途上国の地理的な特性，歴史的な変遷，さらに当該国のガバナンスの状態など，各国の条件に応じた事前の計画策定が必要である．また，当該国の発展段階を反映した産業構造や隣接国との関連性などの条件も，当該国に必要なインフラ整備に関係する．インフラ整備による開発行為は，開発そのものによる環境変化やそれに伴う住民移転を原因とする住環境および雇用機会の変化，自然環境の破壊などがトレードオフの関係となる可能性があり，SDGsを達成するためには各々の目標を適切に均衡させる必要がある．

これらの目標を適切に均衡させるシステムとして，環境アセスメントはインフラ整備における事業実施や計画策定にあたって総合的に環境保全を組み込む上で重要な手段となり，インフラ整備に関係する様々なステークホルダーとの計画策定プロセスにおけるコミュニケーションツールとなる．特に，国家・地域レベルの政策・計画の策定や広域の開発策定に係る意思決定においては，戦略的環境アセスメント（SEA）の活用が期待できる．

② 開発援助とセーフガード政策

開発途上国のインフラ整備などの開発援助は，主に世界銀行，アジア開発銀行やわが国の国際協力機構（JICA），国際協力銀行（JBIC）などの援助機関による融資などの協力を受けて事業化されている．

本来は経済成長を推進するためのインフラ整備であるが，自然環境や現地の地域社会に対する様々な影響を生じている事例がみられる．特に，世界銀行が関与したインドのダム開発の援助事業においては住民移転問題が発生したため，この援助事業を中止した経緯がある．この事件を契機として，世界銀行は，開発援助によるインフラ整備などに伴う自然環境の保全，非自発的住民移転，少数民族保護などの環境・社会面の配慮項目を定めた「セーフガード政策」を整備した．その後，関連対策を進展させており，現在では多くの援助機関がこの世界銀行のセーフガード政策を基に環境社会配慮制度を作成している．

わが国ではJICAの「環境社会配慮ガイドライン」が，世界銀行の「セーフガード政策」との整合性を確保して2004年に制定されており，2010年には新たな「環境社会配慮ガイドライン」が制定されている．

開発途上国におけるインフラ整備を含む大規模な経済開発は，世界銀行やJICAなどの援助機関による融資協力で多数実施されており，これらの機関による融資を行う環境許認可の基準が未取得のプロジェクトへの融資は，原則として検討対象外となる．事業の実施に伴い大規模な住民移転や深刻な生態系への影響が懸念される場合は，これら負の影響の評価，それらを踏まえた緩和・回避策の策定，適切な工事・供用期間中の環境監理体制などの策定，融資機関への定期連絡などを義務付け，条件付きで融資に応じる事例も見受けられる．

開発援助を希望する国では，先進国の指導などにより環境アセスメント制度の導入を含め環境法の整備が進められ，包括的な環境保全体制が構築されつつある．しかし，その運用実態は国により様々であり，援助機関からの融資・援助において取得が義務付けられている環境許認可や，その後の環境監視プロセスの一部形骸化もみられることから今後の課題となっている．援助機関が行っている環境アセスメントは，開発途上国の環境アセスメント制度と援助機関の環境アセスメントに関するガイドラインに整合性をもたせた関係にある．また，環境アセスメントの対象となる項目は，プロジェクトが行われる様々な対象国に対応するため，経済，社会，文化，健康なども対象となっており，SDGsのほぼすべての目標が網羅されている．

第14章　持続可能な開発目標（SDGs）の達成に向けて

表14-7　国際協力機構（JICA）環境社会配慮ガイドライン（抜粋）

■環境社会配慮
　　大気，水，土壌への影響，生態系及び生物相等の自然への影響，非自発的住民移転，先住民族等の人権の尊重その他の社会への影響を配慮すること．
■情報の公開
　　環境社会配慮助言委員会の議事録及び助言内容がすべて公開されている．
■環境社会配慮助言委員会
　　環境社会配慮の支援と確認に対する助言を行う委員会で，外部専門家からなる第三者的機関．
■対象プロジェクト
　　基本的にすべてのプロジェクトが対象となっており，その概要，規模，立地等を勘案して，4段階のカテゴリ（A，B，C，FI）の分類を行っている．
　●カテゴリA：顕著な影響がありうる．
　●カテゴリB：顕著な影響はカテゴリAと比べ小さい．
　●カテゴリC：影響が最小限またはない．
　●カテゴリFI：金融仲介者等を経由したプロジェクトで，顕著な影響がありうる．
■環境社会配慮項目
　●人間の健康と安全及び自然環境（越境または地球規模の環境影響を含む）
　　大気，水，土壌，廃棄物，事故，水利用，気候変動，生態系及び生物相等
　●社会配慮
　非自発的住民移転等人口移動，雇用や生計手段等の地域経済，土地利用や地域資源利用，社会関係資本や地域の意思決定機関等社会組織，既存の社会インフラや社会サービス，貧困層や先住民族など社会的に脆弱なグループ，被害と便益の分配や開発プロセスにおける公平性，ジェンダー，子どもの権利，文化遺産，地域における利害の対立，HIV/AIDS等の感染症，労働環境(労働安全を含む)
　https://www.jica.go.jp/environment/guideline/

　政府系の開発援助とは別に，民間金融機関による大規模な開発や建設プロジュエクトに融資を実施する場合，プロジェクトによる自然環境や地域社会に与える影響を十分に配慮して実施するための「エクエーター原則（赤道原則）」が運用されている．エクエーター原則（赤道原則）は，世界銀行グループの国際金融公社（IFC）が制定した環境・社会配慮確認のための基準やガイドラインに基づいて，民間金融機関が開発途上国におけるインフラ整備などの大規模プロジェクトへ融資する際に，環境・社会リスクを評価管理する自主的ガイドラインとして2003年に制定された．

❸ わが国の海外環境インフラ整備に関する最近の動き

　2016年5月，「アジア地域における環境影響評価に関する国際会議」が名古屋市で開催された．会議では持続可能な社会にとって，環境と経済の両立が重要であることが合意され，その実現のためには，環境アセスメントが重要な役割を果たすと共通認識された．アジア諸国の多くは環境アセスメント制度を導入しているが，今後の急速な経済発展に伴ってその制度の運用を確実に実行する必要があるとされた．
　2017年5月，わが国ではインフラシステム輸出戦略として，気候変動の緩和分野に加えて，開発途上国の環境分野でのインフラ普及に戦略的に取り組むため，「環境インフラ海外展開基本戦略」を策定した．特に，貧困層が被害を受ける廃棄物や公害問題，温暖化の影響を回避するため，わが国が経験してきた公害による健康被害，自然環境の破壊を克服してきた教訓を活かした取り組みを進めることとした．この戦略は，環境インフラの導入・普及により公害被害のコストを減らすとともに，開発途上国における経済発展から派生する様々な環境問題が拡大する前の環境対策コストを最小化する「一足飛び型」の発展に寄与することを目的としている．この中で，環境アセスメントはインフラ整備を行う上で非常に重要であると位置づけられている．

❹ 今後の国際展開における戦略的環境アセスメント（SEA）の役割

SEA は，SDGs の目標を達成するために，インフラ整備を実施するうえで有効な手段であると本書の 14 章全般において紹介している．しかし，SEA の実施方法の提案は数々あるが，統一的な方法はこれからの検討課題となっている．

わが国は，明治維新以降の経済成長の原動力となったインフラ整備を経験してきた．開発途上国における国家レベルの政策や計画では，交通インフラを例にあげれば，海外への拠点としての港湾や空港の整備，都市間の輸送を担う鉄道や道路の整備などが検討されていく．今後，開発途上国で実践されるインフラ整備には，わが国を含めた先進国が経験してきた歴史的な技術開発の積み上げの成果を，現在の視点で最適な政策や計画として検討することが可能となる．まさに，複数案の検討や複数事業による累積的な影響，ゼロアクションの場合の影響の程度などの検討が類似事例を参考として検証できることになる．

環境面に目を向けると，わが国は，経済成長期の鉱山開発に伴う鉱害，都市化や工業化に伴う公害などの環境問題を経験してきた．これらの環境問題に対しては，対処療法的ではあるが環境関連法が整備され，法律に基づく様々な規制や環境対策技術の開発などによって，環境影響が改善されている．
SEA を実施するためには，インフラ整備のすべてのプロセスにおいて環境面や社会面，経済面から発生する様々な情報を時系列的に取り扱うことが必要である．さらに，ステークホルダー間の意思決定において必要な情報を適切に発信・受信する双方向のコミュニケーションが重要になる．

最近では大量の情報を管理するツールとして，地理情報システム（GIS）が様々な場面で活用されている．インフラ整備では広域かつ経年的な大量のデータを扱うことから，GIS を活用してプロジェクト全体のデータをマネジメントすることが可能である．また，インフラ整備のすべてのプロセスにおいて発生する情報を一元化したデータベースに蓄積し，インフラ整備の進捗管理やステークホルダー間の意思決定において必要な情報を適切に発信できるわかりやすい情報提供にも貢献できる．さらに，地域から提供された情報を GIS にデータ化できるため双方向のコミュニケーションツールともなる．

GIS が取り扱う基本的な情報は地図である．地図は直感的に位置情報を把握する共通言語となりうることから，事業内容をわかりやすく表現することができる．地図を見慣れない住民に対しても，身近なスケールを示して現在の位置を理解してもらうヒューマンスケールからメソスケールさらにマクロスケールと表示することによって，事業の位置が当該地域全体の中でどのような場所で計画されているかを表現できる．

現在では人工衛星，航空機，ドローンなどに搭載した観測機器（センサー）を使う「環境センシング技術」により，空間における様々な事象の状態や変化を感知することが可能な時代になっている．この技術を活用することにより，計画策定段階では地域の環境情報など関係するデータの入手が容易になり，インフラ整備の進捗段階や完成した姿を監視することにも活用できる．また，過去の環境センシングデータを利用すると，その土地利用の変遷を理解することが可能である．

また，現在はマスメディアやインターネット，SNS を経由して，環境・社会への配慮が不十分であることが瞬く間に全世界に拡散する時代となっている．SEA の進捗において，正確な情報がタイミングよく情報発信されていないと，事業全体に対する負のイメージが瞬く間に醸成されてしまう．特に，双方向のコミュニケーションでは，情報格差（科学的知見，データ，リスク情報）を埋めることが重要である．
今回，GIS を活用した SEA の検討方法の適応可能性についてその概要を紹介した．今後，NEPA の理念と最新の科学技術を活用した SEA を実行することによって，SDGs の達成に貢献できるものと考える．

あとがき

　本書は、環境問題にかかわる多くの方々が、環境アセスメントの仕組みや考え方を学ぶための入門書となり、環境アセスメントを活用する際のガイドとなることを目指したものです。

　このため、環境アセスメントとは何かといった基礎的なことを概説した上で、環境アセスメント制度とそれを支える仕組みについてわかりやすく解説するとともに、これまでの環境アセスメントの特徴ある実施事例をケーススタディとして取り上げ、具体的に環境アセスメントの進め方を概説しています。さらに、持続可能な社会の実現に向けた環境アセスメントの今後の展開として SDGs(持続可能な開発目標) の達成と環境アセスメントの活用など多岐にわたり重要なポイントを解説しています。

　本書の編集にあたり、これまで環境アセスメント学会企画委員会が環境アセスメントのそれぞれの段階の考え方などをわかりやすく解説するため 10 年余にわたって作成してきた「アセスを知るための小冊子」7 冊をベースとすることとしました。したがって、各章の執筆は、小冊子の作成メンバーと、各分野の最適任者を選任して分担で執筆しています。巻末に執筆者一覧を記載しています。

　本書の編集・企画は、本学会の企画委員会に執筆者からなる編集委員会を設置して行いましたが、編集方針に従って入門書にふさわしい表現や構成となるように作業を行いました。事務局を務めていただいた日本工営環境部の担当者の皆様には、会議の設営や資料準備、出版社との調整など多大なご尽力をいただきました。また、出版社の恒星社厚生閣には、本著の姉妹本である『環境アセスメント学の基礎』に引き続き出版にご協力いただきました。

　こうした様々な関係者のご尽力があってここに出版の運びとなったものであり、編集委員会を代表して、ご協力いただいた皆様と関係者に厚く御礼申し上げます。

　読者の皆様には、持続可能な社会の実現に貢献するため、これからの環境アセスメントの実施において、本書をご活用いただければと衷心より願っています。

　　2019 年 1 月吉日

　　　　　　　　　　　　編集委員長（学会企画委員長）　藤田　八暉
　　　　　　　　　　　　副編集委員長（学会企画委員）　上杉　哲郎

執筆者・編集委員一覧（50音順）

石川公敏*	（元(独)産業技術総合研究所）	（6章）
上杉哲郎*	（(株)日比谷アメニス）	（1章）
沖山文敏*	（(株)オリエンタルコンサルタンツ）	（9章）
尾上健治*	（おのえエコトピア研究所所長）	（8章）
傘木宏夫	（NPO地域づくり工房　代表理事）	（10章，14章4）
片谷教孝*	（桜美林大学リベラルアーツ学群　教授）	（14章5）
熊倉基之	（環境省大臣官房環境影響評価課長）	（3章）
柴田裕希*	（東邦大学理学部 准教授）	（11章）
田中　充	（法政大学社会学部　教授）	（はじめに，14章2）
錦澤滋雄*	（東京工業大学環境・社会理工学院　准教授）	（5章）
藤田八暉*	（久留米大学　名誉教授）	（14章1）
布施孝史*	（日本工営(株)）	（7章）
古松正博	（パシフィックコンサルタンツ(株)）	（14章6）
松島正興*	（(株)三菱地所設計）	（12章）
松永忠久*	（日本工営(株)）	（2章）
宮下一明*	（(㈱)東京久栄）	（13章）
村山武彦	（東京工業大学環境・社会理工学院　教授）	（14章3）
森本尚弘	（(株)オリエンタルコンサルタンツ）	（4章）
柳憲一郎*	（明治大学法科大学院　教授）	（13章）
湯浅晃一	（清水建設(株)）	（4章）

千住　緑	（日本工営(株)）	（事務局）

2章挿入絵　鍋島元子（日本工営(株)）

＊はコア編集委員

環境アセスメント学入門
― 環境アセスメントを活かそう ―

2019 年 2 月 28 日　初版第 1 刷発行

定価はカバーに表示してあります

編　者　環境アセスメント学会 ©
発行者　片 岡 一 成
発行所　恒星社厚生閣

〒160-0008　東京都新宿区四谷三栄町 3-14
電話 03-3359-7371　（代）
http://www.kouseisha.com/

印刷・製本　シナノ

ISBN978-4-7699-1633-8　C3051

JCOPY　＜(社)出版者著作権管理機構　委託出版物＞
本書の無断複写は著作権上での例外を除き禁じられています。
複製される場合は，そのつど事前に，出版社著作権管理機構
（電話03-5244-5088，FAX03-5244-5089，e-maili:info@
jcopy.or.jp）の許諾を得て下さい。

環境アセスメント学の基礎

環境アセスメント学会　編
B5 判／234 頁／定価（本体 3,000 円＋税）

本書は，環境アセスメント学会が学会創立 10 周年を記念して，全力を傾注して編集したもので，環境アセスメントに関する学術的，実務的知見を集大成し，学部，大学院学生，環境アセスメントの専門技術者を目指す方に利用していただく標準的なテキストとして作成．講義用テキストとして活用しやすいよう各章 90 分講義にあわせ構成した．

環境配慮・地域特性を生かした
―干潟造成法

中村　充・石川公敏　編
B5 判／160 頁／定価（本体 3,000 円＋税）

消滅しつつある生物の宝庫干潟をいかに創り出すか．本書は，人工干潟の造成のしかたを，企画の立案・目標の設定・環境への配慮・住民との関係，具体的な造成の手順などと分かり易く解説．既に造成されている干潟造成の事例（東京湾・三河湾・英虞湾など）を挙げ，教訓など貴重な意見を紹介．重要な点をポイント欄で解説．

森川海の水系
―形成の切断と脅威

宇野木早苗著
A5 判／342 頁／定価（本体 5,500 円＋税）

森・川・海にわたる水の大循環を概説し，続いてこの流れを通じた自然環境の形成過程を紹介する．そして，最後に巨大人工構造物で水の流れが切断された際の影響を考える．長年かけて形成された自然に対して人為的な変化が及ぼす環境と社会問題について，再生と展望をまとめた．著者の長年の研究・著作の集大成といえる大著．

浅海域の生態系サービス
―海の恵みと持続的利用

小路　淳・堀　正和・山下　洋　編
A5 判／154 頁／定価（本体 3,600 円＋税）

人類が自然（生態系）から享受している恵みを表す生態系サービス．これをいかに持続的に享受していくことが出来るかは大きな課題である．本書は生態系サービスに関する基礎的事柄を解説し，それに踏まえ水産資源生産を主題に生態系サービスを論じた唯一の本．巻頭口絵でビジュアルに生態系サービスを解説．巻末に重要語解説を付す．

豊饒の海・有明海の
現状と課題

大嶋雄治　編
A5 判／128 頁／定価（本体 3,600 円＋税）

有明海は，世界でも有数の生産性の高い内湾で，かつては豊穣の海と呼ばれた．しかし，その生態系を支える干潟，潮流，土砂，水等の環境因子が変化し，各種魚貝類の生産高は減少が続いている．有明海の水産有用種やその餌となるプランクトン，さらに物理環境に関して最新の知見を平易に解説し，再生への展望をまとめた．

蘇る有明海
再生への道程

楠田哲也　編
A5 判／384 頁／定価（本体 3,200 円＋税）

本書は，日本科学技術推進機構ＪＳＴの重要問題解決型研究費により実施されたプロジェクト「有明海の生物生息空間の俯瞰的再生と実証試験」の成果を基礎に，有明海再生の全体像を描く．特に有明海の環境解析，有明海の再生に必要な技術，および適用可能技術の評価を詳細に論じる．他の沿岸海域再生にも参考になる．

東京湾
―人と自然のかかわりの再生

東京湾海洋環境研究委員会　編
B5 判／448 頁／定価（本体 10,000 円＋税）

東京湾の過去，現在，未来を総括し学際的な知見でまとめた決定版．流域や海域のすがたから東京湾とのかかわりの歴史，そして過去から学ぶ東京湾再生への展望を様々な視点から解説する．東京湾の環境はどう変わり，これからどう向かうべきなのか．30 名以上の執筆者によって現状の東京湾生態系のデータを集めた集大成ともいうべき充実の内容．

大阪湾
―環境の変遷と創造

生態系工学研究会　編
B5 判／148 頁／定価（本体 3,000 円＋税）

浜辺がほとんど無い大阪湾．市民の想いの場として，また漁業の発展のためどう再生するかが鋭く問われている．本書は生態系工学研究会が主催してきた基礎講座の内容を基に，大阪湾の再生を考える上で必要な物理学的，化学的，生物学的，生態学的，工学的，かつ歴史的の基本的事柄を簡潔にまとめる．各章にＱ＆Ａを設け，核心的な事柄をわかりやすく説明．

瀬戸内海を里海に
―新たな視点による再生方策

瀬戸内海研究会議　編
B5 判／114 頁／定価（本体 2,300 円＋税）

自然再生のための単なる技術論やシステム論ではなく，人と海との新しい共生のあり方を探り，保全しながら利用する，また楽しみながら自然を再構築していくという視点のもと，瀬戸内海の再生の方途を包括的に提示する．本書で示された指針は瀬戸内海に限らず自然の豊饒さを取り戻すための大いなる糧となるだろう．